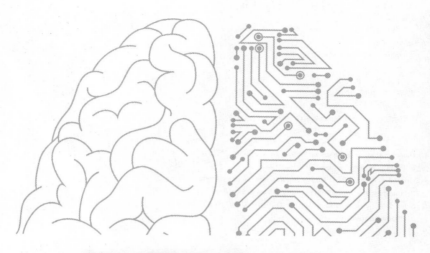

机器与人

埃森哲论新人工智能

〔美〕保罗·多尔蒂〔Paul R. Daugherty〕 詹姆斯·威尔逊〔H. James Wilson〕 著 赵亚男 译

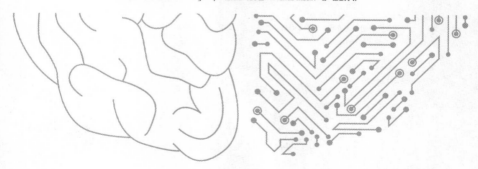

中信出版集团 · 北京

图书在版编目（CIP）数据

机器与人：埃森哲论新人工智能 /（美）保罗·多
尔蒂，（美）詹姆斯·威尔逊著；赵亚男译 . -- 北京：
中信出版社，2018.10
书名原文：Human + Machine: Reimagining Work in
the Age of AI
ISBN 978-7-5086-9292-0

I. ①机… II. ①保… ②詹… ③赵… III. ①人工智
能 - 研究 IV. ① TP18

中国版本图书馆 CIP 数据核字（2018）第 170227 号

Human + Machine: Reimagining Work in the Age of AI
by Paul R. Daugherty, H. James Wilson
Original work copyright © 2018 Accenture Global Solutions Limited
Published by arrangement with Harvard Business Review Press
Simplified Chinese translation copyright © 2018 by CITIC Press Corporation
All Rights Reserved
本书仅限中国大陆地区发行销售

机器与人——埃森哲论新人工智能

著　　者：〔美〕保罗·多尔蒂　〔美〕詹姆斯·威尔逊
译　　者：赵亚男
出版发行：中信出版集团股份有限公司
　　　　　（北京市朝阳区惠新东街甲 4 号富盛大厦 2 座　邮编　100029）
承 印 者：北京楠萍印刷有限公司

开　　本：880mm×1230mm　1/32　　　　印　张：8.5　　　　字　数：179 千字
版　　次：2018 年 10 月第 1 版　　　　　印　次：2018 年 10 月第 1 次印刷
京权图字：01-2018-3613　　　　　　　　广告经营许可证：京朝工商广字第 8087 号
书　　号：ISBN 978-7-5086-9292-0
定　　价：49.00 元

有时候，正是那些异想天开之人，成就了无人能成之事。

——艾伦·图灵

看，世界上满是比我们更强大的事物，但如果你知道如何搭顺风车，那么你可以去到任何地方。

——尼尔·斯蒂芬森，《雪崩》

推荐语　V

推荐序一　XIII

推荐序二　XIX

前　言　XXIII

第一部分　**融合时代就在今天**　001

第一章　**工厂车间中的人工智能
——新技术工种的"浇灌者"**　003
从自动化流程到自适应流程　003
人机矛盾正逐渐被修复　005
重塑装配流水线　008
重构业务流程的三种方式　011
揭秘"智能仓库"　015
会思考的供应链　018
垂直农场——开启全新农业模式　019
制造业的第三次浪潮　023

第二章 后台管理中的人工智能
　　——企业职能部门的"把关人" 029

　　为什么有些工作就应该交给机器人去做？ 029

　　自动化使人类变得更加人性化 034

　　如何知道哪些流程需要变革？ 036

　　人工智能在业务流程中的应用 039

　　智能化合作将重新定义员工角色 040

第三章 研发和创新领域的人工智能
　　——节省产品研发时间与成本的"加速器" 051

　　产品研发的传统流程正在发生变革 051

　　给投资者打造观察下一级的平台 053

　　在几个月内完成数年的研究成果 056

　　爆发的设计空间 058

　　个性化交付：从理论到实践 062

　　用智能系统做研发，揪出隐藏风险 064

第四章 市场中的人工智能
　　——提升客户体验的"法宝" 069

　　客户服务、企业品牌、前台人工智能的三角关系 069

　　具有顾客服务意识的人机协作店铺 071

人工智能的品牌效应　076

有趣的品牌脱媒现象　079

品牌个性化时代　080

即将到来的就业形态　082

第二部分　**未来的新型工作模式**　　087

第五章　**关键企业流程中出现的新岗位**　　089

从人机对立到人机协作　089

人类在开发和部署人工智能方面扮演的三个角色　096

人工智能系统的训练师　098

人工智能系统的解释员　105

确保人工智能得到正确利用的维系者　109

未来，可能会有"无领"阶级兴起　114

第六章　**个人增强时代，传统工作流程将被全面颠覆**　　117

人工智能释放新型生产力的三种方式　117

增强型人工智能如何提升我们的能力和工作效率　122

交互过程中的智能问答机器人　125

合作机器人解除了就业限制　129

从任务更替到流程变更　133

第七章　管理图的重新定位　137

重构业务流程的 5 项措施　137

思维模式：寻找新的突破点　139

实验：先行一步，大胆设想　144

领导力：人机混合文化的设想　149

数据：对数据供应链的设想　158

新游戏　164

第八章　扩展人机协作　167

未来工作的八大融合技能　167

神经机会主义中的机遇　192

结　论　193

附　言　201

注　释　203

致　谢　223

作者简介　227

《机器与人》这本书内容充实详尽，具有很强的指导性，它可以帮助领导者抓住人工智能和第四次工业革命的先机。如果我们听从多尔蒂和威尔逊的行动召唤，重新构想我们的工作方式，并做好融合技术的人才储备工作，那么我们的前景会更加光明。

——克劳斯·施瓦布，

世界经济论坛创始人兼执行主席、《第四次工业革命》作者

在后信息时代，科技将推动全球经济的各个领域向前发展，无处不在的科学技术既能引发不安，也可以创造新的财富。如果你想参与其中，不妨读一读这本《机器与人》。

——马克·安德森，

"战略新闻服务"公司创始人兼首席执行官

在《机器与人》一书中，多尔蒂和威尔逊通过真实的案例展现了各类

企业如何在人工智能时代重新思考它们的业务和组织模式。这仅仅是一个开端，它预示着历史上最重大的企业转型即将到来，人类和机器将以前所未有的方式协同工作。正如作者指出的那样，我们必须培训大量的人员来适应未来的工作模式，并设好防线以确保人工智能会朝着对人类有益的方向演进。《机器与人》是一幅指引未来的路线图——如果你有兴趣了解人工智能对工作的影响及其如何拉动增长，那么这本书将是你的不二选择。

——马克·贝尼奥夫，

Salesforce（软件营销部队）董事长兼首席执行官

《机器与人》是一本经过精心编写和深入研究的好书，它触及了人工智能与人类之间缺失的中间地带：人类和机器如何合作才能够增强而不是取代人类的作用。从制造车间到后台部门，再到个人，保罗和詹姆斯都针对工作性质的改变给出了极为可行并且极具操作性的见解。

——格雷迪·布奇，

IBM（国际商用机器公司）研究院软件工程首席科学家、IBM院士

我们亟须彻底地重构我们的工作方式，这本书为我们提供了新的思路。多尔蒂和威尔逊拥有引导这些变化的实践经验，使这本书具有相当的可信度。希望你的团队能够赶在竞争对手之前阅读这本书！

——埃里克·布莱恩约弗森，

麻省理工学院数字经济计划主管，《第二次机器革命》《人机平台》合著者

有些企业管理者已经意识到人工智能将在他们的工作中发挥举足轻重的作用，但同时这个话题也让他们感到畏惧和困惑。对他们而言，这本书的确是必读之作。

——米西·卡明斯，

美国杜克大学普拉特工程学院教授、人类与自动实验室主任

我们正处在数字达尔文主义时代，技术发展的速度已经超过了企业的适应程度，而多尔蒂和威尔逊为我们提供了一剂良方，指出了缺失的中间地带和五大关键原则（思维模式、实验、领导力、数据和技能），有助于激发你对机会、流程和结果的全新思考，并在最短的时间内帮你取得最显著的进展。

——切坦·杜布，

IPsoft（数字劳动公司）首席执行官

在《机器与人》中，多尔蒂和威尔逊描绘了人工智能增强人类技能的未来蓝图。本书实例丰富，富有指导性和启发性，是一本理解人工智能的实用指南——人工智能在我们的生活中意味着什么，以及我们如

何充分利用人工智能。

——阿里安娜·赫芬顿，

《赫芬顿邮报》创始人兼首席执行官

多尔蒂和威尔逊回答了一个基本问题：我们如何帮助企业员工过渡到人工智能时代？毫无疑问，《机器与人》是一本能够助你前行的指南。

——亨宁·卡格曼，

德国国家工程院院长、思爱普（SAP）前董事长兼首席执行官

人工智能革命已经开始，我们不能甘落人后。请仔细地阅读《机器与人》——并利用高速发展的人工智能技术来定义和优化你在未来 10 年中对于世界的影响。

——戴维·肯尼，

负责 IBM "沃森" 和 IBM 云平台的高级副总裁

《机器与人》为具有前瞻思维的领导者提供了一个框架，帮助他们在现有的操作系统内发掘机会，优化人和机器智能；深入思考如何引入人工智能，以加强内部运营并制定以技术为核心的长期发展战略。

——亚伦·利瓦伊，

云服务公司 Box 首席执行官

人工智能为人类和社会带来了巨大的利益，但也引发了新的挑战与风险。在《机器与人》中，多尔蒂和威尔逊对未来工作中人机关系提出了重要见解，从而帮助我们更好地理解、讨论和塑造人工智能的未来。

——塔拉·里昂，

人工智能合作组织执行董事、白宫科技政策办公室前任顾问

如果我们不是技术人员，那么我们必须心怀好奇，不断学习——然后学以致用，在遍布人工智能的世界中取得工作创新。这本书将鼓励我们重新思考、设计我们的工作与任务，使人和机器更加高效地合作。书中的例子切实可行，具有参考价值，把我们带向了未来。

——道格·麦克米伦，

沃尔玛总裁兼首席执行官

所有困惑于人工智能对其企业意味着什么的人都应当读一读《机器与人》，这本书为人们指明了一条通过彻底创新来实现转型的道路。

——维维恩·明，

教育科技公司 Socos 联合创始人兼执行合伙人

多尔蒂和威尔逊采用了一些切实可行的方法，例如他们提出了"缺失

的中间地带"假说和基于研究的组织原则，以此推进了未来人机协作的话题，这也正是当前所需。这本书的作者拥有丰富的专业知识和对人工智能的热情，他们绘制出的路线图引导着我们走向富有成效的未来。

——萨蒂亚·纳德拉，

微软公司首席执行官

放眼未来，机器学习和人工智能将波及所有的行业，我们有必要了解这些新兴的技术如何发挥作用以及它们将会造成何种影响——积极或消极。机器学习和人工智能将会像个人电脑、互联网或智能手机一样影响着我们的世界。《机器与人》是一本好书，它帮助我们为未来做好准备。没有一位企业家能够无视这些趋势。

——哈迪·帕托维，

Code.org（致力于计算机编程教育的公益组织）创始人兼首席执行官

多尔蒂和威尔逊为我们提供了必要的见解和行动指南，企业有必要加以采纳，以转型成为蓬勃发展的数字公司。

——比尔·鲁赫，

美国通用电气公司高级副总裁兼首席数字官、通用电气数字部门首席执行官

毫无疑问，人工智能正在推动企业的变革，《机器与人》为我们指出

了应用人工智能的方法和方向，最重要的是，它让我们了解到自己应该做些什么。这本书以 1 500 位从业者为例，提供超越了个案应用范畴的真知灼见，是当今管理者的必读之物！

——莱恩·施莱辛格，

哈佛商学院贝克基金会工商管理教授、有限品牌公司（Limited Brands）前

任副主席兼首席运营官

在富有洞察力的《机器与人》中，多尔蒂和威尔逊描绘了一幅人与机器相互协作而非竞争的友好画面。这种新型关系带来了前所未有的影响，作者为我们提供了这方面的思考框架并切实地指导我们如何在人机并肩工作的新纪元发挥所长，取得成就。

——多夫·塞德曼，

美国咨询服务公司 LRN 创始人兼首席执行官、《未来领导者：以价值本位的

管理方式引爆组织持续繁荣》作者

人工智能的发展带来了巨大的机遇，但也会搅动未来这盘大棋。《机器与人》为我们提供了及时、全面的信息，书中的实例和策略可以帮助企业做好准备，应对人工智能带来的影响。

——维沙尔·西卡博士

人工智能将对社会和经济产生深远影响，每一位商业领袖都应该熟悉
这门技术及其对相关市场和价值链方面的影响。这是人们第一次全面
分析人工智能在商业中的作用，我认为所有将创新视为企业核心要素
的领导者都应当阅读本书。

——杰伦·塔斯，

飞利浦执行副总裁兼首席创新战略官

当今实现快速的数字化转型需要不断的创新、持续的再教育和连续的
重新构想，多尔蒂和威尔逊的《机器与人》就是通向这样一个未来的
最佳向导。

——阿肖克·瓦斯瓦尼，

英国巴克莱银行首席执行官

在当今赢者通吃的世界中，领导者需要通过人工智能来驱动创新，而
《机器与人》正是这样一本填补空白的指导手册。

——王瑞光，

市场研究机构 Constellation Research 首席分析师、创始人兼董事长

智能时代的人机关系

人工智能一词起源于 1956 年美国达特茅斯学院的一个夏季研讨会，当时会议的主题是"用机器来模仿人类学习及其他方面的智能"，时间距离世界上第一台电子计算机发明恰好 10 年。以我们现在的眼光来看，20 世纪 50 年代的超级计算机显得十分"弱智"，但计算机科学家和信息论学者还是敏感地注意到了人工智能的潜力。美国航空航天局于 1975 年用 500 万美元购买的当时最好的超级计算机 Cray-1，其性能远不如现在的智能手机。几十年来，科学家一直在研究如何提高计算机的"智力"，人工智能的发展也几经起落。

在达特茅斯会议的 60 年后，以 AlphaGo（阿尔法围棋）战胜世界顶级围棋高手为标志，人工智能热潮再度兴起。得益于数据分析、算力和算法技术的进步，人工智能技术的发展突飞猛进。人类已经进入大数据时代，互联网、移动互联网和物联网，以及云计算等技术的广泛渗透使数据量呈爆炸式增长。目前，全球互联网普及率已经过半，移动互联网的普及率则更高，物联网设备的数量已于2017年超过全球人口数量。数据量正按年增40%的速度在上升，中国的三大电信运营商，以及阿里巴巴、腾讯、百度为代表的互联网内容服务商，它们每家的数据存储量都是以数百PB（petabyte，拍字节）计算的。大数据的发展对计算机的计算能力和存储能力提出了很高的要求，也推动了算力的提升，为深度神经网络的训练提供了海量数据。其次是算力的持续发展，超级计算机的计算能力正以十年千倍的速度在提升。2016年，中国的"神威·太湖之光"超级计算机的运算速度已达到每秒12.54亿亿次。根据最新报道，美国橡树岭国家实验室一台名为"Summit"（顶峰）的超级计算机又将这一运算速度提高了60%。当前智能手机的计算处理能力堪比五六年前的台式电脑与20年前的超级计算机。算力的强大为人工智能的发展加足了动力。关于人工智能算法的研究切入点一直存在结构与功能之争，即模拟人脑神经系统与模拟心智这两条研究路线。但是，大数据和算力弱化了这两条路线的界限，海量的训练数据具有代表性，能够保证机器学习的有效性，强大的算力使得人工智能在合理的时间内完成算法的训练成为可能。概率统计方法的突破则增强了人工智能从原始数据中提取高级特征的能力，从而可对状态空间进行有效的表示。机器学习的概念现在已得到了广泛应用，计算机只需通过训练，而无须特定编程就可以自行学会解决某一领域中的新问题。它们通过多层的训练将学习理解能力从低阶提升到高阶，然后通过推理便可得到分析结果。

技术的进步推动了人工智能在各个领域的应用，特别是在语音识别、人脸识别、智能驾驶、智能医疗和智能制造等方面。未来，人工智能的应用场景还将进一步得到扩展，人类社会实现全面智能将指日可待。现在，人工智能被用来代替人类做大量重复的劳动，为提升工作效率做出了直接贡献。利用人工智能技术，机器只需一分钟就能完成一个信息安全分析师需要花一年才能完成的分析数据和代码的工作。人工智能技术使计算机在语音识别和人脸识别的准确度方面超过了人类，但在情感理解方面，它还不一定比得上学龄前儿童。好在人工智能技术正在加速成熟，以 AlphaGo Zero（新一代围棋程序）完胜 AlphaGo 为例，AlphaGo Zero 只花了 3 天时间，从零开始学习了所有围棋战略，其学习能力令人刮目相看，相信机器与终端的"智商"定会与日俱增。

智能时代该如何处理人与智能机器人的关系是当下不得不考虑的问题。乐观者认为人类可以把大多数工作交给机器人去做，从而使自己有更多的时间去拓展其他技能，悲观者则担心机器人上岗会导致人类失业。在《机器与人：埃森哲论新人工智能》这本书中，作者分析了人工智能对未来工作方式的影响。事实上，技术变革导致人类对失业的担忧从来就没有停止过，但历史经验表明，技术进步不断地在增加人均收入，延长人类预期寿命，提高我们的生活水平。与此同时，那些重复的工作容易被新技术取代，而胜任新技术所催生的新职业与新工种的人才则供不应求，智能时代无疑对劳动者的数字素质有更高要求。做重复的工作、分析海量数据集并处理常规案例是机器人的强项，员工则应专注于机器人不擅长的处理存疑信息、针对复杂案件做判断以及与客户进行沟通的工作。这本书将人工智能带来的新岗位概括为人工智能系统的训练师、解释员和维系者三类，显然对劳动者的继续教育与业务培训尤为重要。

相信大多数企业都没有准备好迎接人工智能时代的到来，也尚未思考在生产线引入机器人后，企业的管理流程是否需要变革。这本书指出，要真正实现人机和谐共处，企业需要进行流程再造，颠覆传统的运营和员工管理方式，发挥人工智能系统给员工和企业赋能并推动业务转型的作用，从而提升工作效率和产品质量，增强市场竞争力。这本书是埃森哲公司两位高管的精华之作，他们通过对 1 500 家企业的调研，在书中总结出人机协作的五大关键原则：思维模式、实验、领导力、数据和技能。作者预言，未来 10 年内，市场中的获胜者与失败者之间会存在天壤之别，两者的差距不在于他们是否应用了人工智能技术，而在于如何应用它。

人工智能时代即将到来，我们需要学会与具有人工智能的机器和

终端相处并驾驭它们。为实现人们的美好生活、企业的长盛不衰发挥
人工智能的优势。这本书将引发读者深度思考并从中得到启发。

中国工程院院士 邬贺铨

未来的工作方式将由我们定义

在去年的某一天，悉尼歌剧院同往常一样，上演了一场音乐会，而音乐会上的一名音乐家特别引人注目。这名音乐家一身红色着装，眼神朦胧，看上去颇具神秘感。当钢琴伴奏响起时，这名音乐家飞快地敲击着面前的马林巴琴，明快流畅的音乐一泻而出，回荡在整个歌剧院大厅。这名音乐家就是世界上首位正式参与音乐会演奏的机器人Baxter（巴克斯特）。埃森哲与Adobe（奥多比）公司联合举办了这场音乐会。在经历了上千万首乐曲的训练后，拥有人工智能的机器人Baxter不仅学会了熟练地演奏马林巴琴，更令人惊叹的是它能够根据现场音乐家的即兴表演自行决定如何回应合奏。这一刻，让人真切地感受到，人工智能已经来到我们身边。

在大众印象中，传统行业的劳动多为机械化的简单重复的工作，并不追求释放人类特有的创造潜能，不仅将人类限制于重复劳动的桎梏中，在某种程度上也是对人力资源的浪费。今天，当人类进入数字经济时代，技术必将成为重要的推动力，打造全新的生产模式，全面提高生产率和创新力。而人工智能的崛起为整个行业带来了全新的生产要素。在众多技术之中，人工智能凭借感知、理解、快速分析等优势成为其中的佼佼者。

与此同时，当人们放眼全球，经济增长正在普遍放缓，寻找新的增长成为各国面临的共同挑战。我国在经济增长放缓的同时，更面临着如何加快以传统低劳力成本为基础的加工制造业转型的巨大挑战，而通过新技术，特别是人工智能在制造业中的应用正是应对之策的核心。据埃森哲的一项调研显示，到 2035 年，人工智能有潜力使中国经济年增长率提高 1.6 个百分点。一方面，人工智能凭借机器学习和大数据处理能力高效完成重复性劳动，而且通过海量大数据不断地训练和自我学习，提出全新解决方案，大大突破了人类认知，创造了意外惊喜。另一方面，人工智能还能让劳动力与机器设备实现互联互通，将生产、制造等各环节打通。这意味着，我们可以根据劳动效率及时调整机器设备运转情况，也可以根据机器设备的工作效率及时调整劳动力投入，让二者完美配合、协作，创造最高效率。在行业应用上，无论是能够感知客户需求的软件，还是可以实时"思考"的供应链，抑或是能快速响应环境变化的机器人，人工智能已经深入我们生活的方方面面。

伴随着人工智能技术的高速发展和其应用的大面积普及，我们在和企业接触过程中常常会被问到，人工智能来了，人是否就要下岗了？其实不然。人工智能最重要的影响力不是改变工作岗位的数量，而是人类的工作内容。从亨利·福特开创了汽车流水线开始，人类就开始了与机器的第一次大规模协作，人类需要配合机器的节奏和速度，完成整个作业流程。到20世纪90年代，计算机的普及使人类将思维转换成了一个个自动化流程图。而现在，在人工智能的帮助下，人们得以从冗长乏味的流程性事务中解脱出来，专注于解决复杂、更需创造力和情感共鸣的事情。诚如《人类简史》的作者尤瓦尔·赫拉利所说，"算法和生物技术将带来人类的第二次认知革命，完成从智人到神人的物种进化"。在埃森哲看来，人工智能真正的威力不仅是用更快的速度完成同一项工作，而是能从根本上赋能于人，推进整个社会的数字进化。

数字技术为人类带来新的复兴力量，然而技术发展的速度已经远远超过了企业的适应速度。企业与个人如何充分把握新机遇，在数字经济的广阔天地里取得更大发展？我们在人工智能时代又将扮演何种角色？企业又将如何帮助员工过渡到人机协作的新时代？这本书的作者之一保罗·多尔蒂先生长期任职埃森哲公司，作为这家世界最具规模的管理和技术咨询与服务企业的首席技术官与创新官，他领导的拥有数万人的全球团队深入全球一线，协助包括中国在内的众多企业进行数字化转型和变革，包括大量应用人工智能作为企业管理和运营升级的积极手段，积累了丰富的实践经验和深入的观察体会。这本书正是通过大量真实的案例，展现了领先企业的人工智能应用以及如何在人工智能时代重新思考业务和组织模式，发掘人类与人工智能的全部潜力，产生聚合效应。未来的工作方式将由我们来定义。

希望这本书给中国企业家和管理者在数字化转型和人工智能应用方面带来新的启发和帮助，并预祝此书在中国出版发行获得成功。

埃森哲全球副总裁、大中华区主席　朱伟

我们在人工智能时代扮演什么角色？

在位于德国丁格芬市的宝马装配厂的一个角落里，一名工人正在与机器人合作组装一个变速器。工人预先安装好齿轮套管，同时一只能够灵敏地感知环境的轻型机器人手臂正抓起一个 12 磅^①重的齿轮。当这名工人继续做下一项工作时，机器人手臂会精准地将齿轮嵌入套管，然后转向一旁抓取另外一个齿轮。

在工厂的另一个区间，隐隐可以听到劳拉·佩尔戈利齐的歌曲 *Lost on You*，另一种轻型机器人手臂在小型汽车车窗的边缘均匀地涂抹着厚厚的黑色黏合剂。在涂抹的间隙，一名工人走过来擦拭喷胶的喷口，放置好新的玻璃，然后拿走已经完工的车窗，这个场景仿佛是一段精心编排的人机共舞。[1]

人工智能的最新进展将我们推到了重大业务转型的风口。这个崭

①　1 磅 =0.453 6 千克。——编者注

新的时代每天都在改写着我们最基本的组织运营规则。人工智能系统不仅使许多流程实现了自动化操作，并使其更为高效，还促成了人机协同工作的全新模式。在这个过程中，人工智能系统改变了工作的性质，这就需要我们采取极为不同的方式来管理我们的业务和员工。

几十年来，我们所说的机器人通常是指完全区别于人类工作者的大型机械，它们可以完成指定的工作，例如给冲压机卸料。这类工作属于程序化的固定工作链的一部分，通常也会有人来完成另外一些预设的任务，例如检查冲压金属部件来去除残次品。

与传统流水线不同的是，如今工厂里的机器人更加小巧、灵活，并且能够实现人机协同工作，这些机器人和其他类型的机器都应用了嵌入式的传感器和复杂的人工智能算法。相比于早期那些笨重而且带有危险性的非智能工业机器，这些新型的协作机器人具备感知、理解、行动和学习的能力，这要归功于机器学习软件和其他相关的人工智能技术。所有这些实现了工作流程的自适应操作，灵活的人机团队可以快速组合，从而淘汰了固定不变的装配流水线。现在，为了完成定制化订单和应对需求变动，工厂员工会和机器人共同完成新的任务，并且无须手动重设任何流程或生产步骤，系统会自动根据变动做出调整。

这些进展不仅仅体现在制造行业中，人工智能系统正在各个部门中得以应用——从市场营销到客户服务，再到产品研发。

例如，欧特克软件公司（Autodesk）的一位设计师决定制造一架无人机。她没有修改现有的概念，也没有对重量和推进力等约束条件进行调整，而是将这些参数直接输入公司的人工智能软件中。该软件的遗传算法生成了大量令人眼花缭乱的全新设计。虽然有些设计显得有点怪异，但所有的设计都符合初始的约束条件。这位设计师选择了一种使她的无人机与众不同的设计，并对其做出进一步调整以达到她所需要的美学和工程目的。

从机械模式到有机模式

人工智能可能会对企业转型起到前所未有的推动作用，但其带来的各种挑战也日益突出，亟待解决。现在的企业正处在利用人工智能的十字路口，而所谓的人工智能就是通过感知、理解、行动和学习来扩展人类能力的系统。很多企业都在部署此类系统（从机器学习到计算机视觉，再到深度学习），有些公司的生产效率在短期内保持了适度增长，最终却停滞不前。而另外一些公司则能够通过开发改变游戏规则的创新技术在业绩上取得突破性的进展。这种差异的根源在哪里？

这和如何理解人工智能影响的本质有关。以往的管理者专注于利用机器来实现特定工序的自动化。通常这些工序都是流水线操作，逐步完成，顺序相连，符合标准，具有可重复和可测量性，并且多年来已经通过各种"工时与动作"分析（例如那些制造装配流水线）得到优化。然而，随着企业从机械自动化中榨取了最后的一点效率，依靠这种方法取得的性能增益近年来也已经趋于平稳。

目前，为了继续发掘人工智能技术的全部潜力，很多领先的企业开始以新的视角将企业流程看成一个更具有流动性和适应性的过程。也就是说，它们正在摒弃程序化的装配生产线，而转向人与先进的人工智能系统协同工作的有机团队思维。许多传统流程正在被这种员工和智能机器之间的合作模式所颠覆。正如宝马和梅赛德斯－奔驰的装配厂那样，程序化的装配流水线正在被人机紧密合作的灵活团队所取代。另外，这些新型团队可以持续快速地适应新的数据和市场条件，并使公司能够切实地重构各个工作流程。

企业转型的第三次浪潮

理解人工智能对企业流程的转型作用是了解其对当前和未来影响的关键。

人们有一个普遍的误解，认为包括高级机器人和数字机器人在内的人工智能系统将逐渐取代各行各业中的人类工作者。例如，有一天自动驾驶汽车会取代出租车、货车和卡车司机。对于某些工种而言，情况可能的确如此。但我们在研究过程中发现，虽然人工智能可以实现某些功能的自动化操作，但这项科技的更大优势在于补充和增强人类的能力。例如，在索赔处理过程中，人工智能并没有取代人类，相反，人工智能在做着冗长乏味的工作，收集数据并进行初步分析，从而让索赔处理人员摆脱了繁重的负荷，能够专注于解决复杂的案例。事实上，机器正在做它们最擅长的事情：执行重复的任务；分析庞大的数据集；处理常规案例。人类也在做自己最擅长的事情：处理模糊信息；对棘手的情况做出判断；应对不满的客户。人与机器之间的这种新兴共生关系正在掀动我们所谓的企业转型的第三次浪潮。

想要实现这一点，我们有必要了解一些历史背景。企业转型的第一次浪潮的特征是标准化流程。这个新纪元的开创者是亨利·福特，他解构了汽车的制造过程，实现了生产线的流程化，使整个过程中的每个步骤都可以进行测量、优化和标准化，从而使效率得到显著提高。

企业转型的第二次浪潮的标志是自动化流程。该时代始于 20 世纪 70 年代，并于 20 世纪 90 年代达到顶峰。这次业务流程再造的驱动力是信息技术的进步：台式计算机、大型数据库和自动执行各种后台任务的软件。在众多公司当中，沃尔玛这样的零售商趁着这股浪潮在全球站稳了脚跟，其他公司也经历了一个自我重塑的过程。例如，UPS（联合包裹速递服务公司）从一个包裹递送服务商转变为一家全球物流公司。

当今企业转型的第三次浪潮的标志是自适应流程。第三个纪元是在前两次变革的基础上发展而来的，它将比装配流水线和数字计算机引发的革新更加引人注目，并将迎来全新的创新业务方式。正如我们将在本书中看到的那样，许多行业中的领先企业都在重构它们的业务流程，使其作业流程在某些时候更加灵活、快速，能够适应企业员工的行为、偏好与需求。这种自适应能力是由实时数据，而非预先设定的一系列步骤驱动的。令人费解的是，这虽然不是标准化或常规化的流程，却可以持续提供更优的结果。实际上，前沿企业已经能够将个性化的产品和服务（而不是过去批量生产的产品）推向市场并实现盈利。

像导航一样思考

为了说明新流程思想与旧流程思想的巨大差异，请想一想 GPS（全球定位系统）导航的历史。第一批在线地图基本上只是纸质地图的数字版本。但很快，GPS 导航改变了我们使用地图的方式，只要在导航中输入目的地，它就能够帮助我们规划路线。尽管如此，这仍然是一个相当静态的过程。如今，像 Waze（行车路线推送应用）这样的移动地图应用程序正在利用实时用户数据（驾驶者的位置和速度、群众上报的交通堵塞信息、事故和其他行车障碍）来实时完善地图。所有这些数据都可以使系统在途中更新路径规划，并在必要时更改行车路线，以尽量减少任何有可能出现的延误。最初的 GPS 导航只是将静态的纸质地图路线做数字化处理，而 Waze 却将人工智能算法和实时数据相结合，生成生动、动态、优化的地图，可以让人们尽快到达目的地。利用人工智能使现有的静态过程自动化的商业方法就像早期的 GPS 导航，而当前人和机器之间共生协作的时代就像 Waze 一样，因为传统的流程正在被彻底打破和重构。

填补"缺失的中间地带"

很遗憾，人们一直以来都持有人机对立的观点——就像《2001 太空漫游》《终结者》系列电影中所展现的情景。长久以来，智能机器都被视为人类的潜在威胁，以致很多决策者都持有类似的观点，认为机器大有取代人类之势。但是这种观点不仅具有可悲的误导性，还会带来短视的危害。

事实上，机器并没有控制世界，也没有消除各类工作对于人类的需求。在当前这个企业流程转型的时代，人工智能系统并不能完全取代我们，而是在增强我们的技能，与我们并肩合作，从而实现之前无法达到的生产效率。

正如你即将在本书当中看到的那样，企业转型的第三次浪潮开创了一个巨大的、动态的和多样化的空间，人和机器在此区域内相互协作，以实现业绩的提升。我们将这个空间称为"缺失的中间地带"——"缺失"是因为几乎没有人提及这一地带，只有一小部分公司在努力填补这个关键空白（见图 0–1）。

领导	共情	创作	判断	训练	解释	维系	增强	交互	体现	处理	迭代	预测	适应
人类专门活动				人类弥补机器的不足			人工智能赋予人类超强能力			机器专门活动			
				人机协作活动									

图 0-1 缺失的中间地带

在缺失的中间地带里，人和智能机器协同工作，各施所长。例如，开发、训练和管理各种人工智能程序的工作就需要人来完成。人通过执行相应操作使这些系统成为真正发挥作用的合作伙伴。对人而言，在缺失的中间地带里，机器正在帮助人们超越自己的极限，并为人们提供超人的能力，例如使人们能对无数来源的海量数据进行实时处理和分析。机器正在"增强"人的能力。

在缺失的中间地带，人和机器不是为工作而战的竞争对手，相反，他们是共生的伙伴，彼此将对方推向更高的成就。此外，在缺失的中间地带，公司可以重构其业务流程，以发挥人与机器协同工作的合作优势。并不是只有数字公司在开掘这个缺失的中间地带，全球矿业巨头力拓矿业公司（Rio Tinto）就是一个例子，该公司正在利用人工智能通过一个中央控制设施管理其庞大的机械舰队——自动钻孔机、挖掘机、推土机等，从而避免操作人员在危险的采矿条件下工作，并使力拓的数据分析师团队能够分析远程设备上的传感器信息，从而发现有价值的见解，帮助公司更加有效、安全地管理这些机械。[2]

将赢家与输家区分开来

正如我们前面提到的，在当前这个由自适应流程所引领的时代，我们最基本的组织运营规则每天都在发生改变。各类企业的领导者和管理者开始对企业流程进行重构，并重新思考其员工与机器之间的关系，为此他们需要理解其中的规则并加以实施。这就是我们为什么写这本书：为了给那些正在思考企业、团队或职业前景的人提供其所需的知识。在人工智能的新时代，这些知识将是区分赢家与输家的关键。

在本书第一部分，我们将展现并阐述企业应用人工智能的现状。我们先从车间说起，并在随后的章节中讲述目前企业如何将人工智能应用到不同的职能部门——后台部门、研发部门、营销部门和销售部门。这里的一个重要经验是，如果没有预先做好适当的基础工作，企业就无法从人机协作中受益。这里再次强调，那些仅仅用机器来代替人力的公司最终会停滞不前，而那些通过创新方式利用机器来增强员工技能的公司将成为行业的领导者。

第一章讲述的是人机协作小组是如何改变工厂车间面貌的。不仅是宝马和梅赛德斯－奔驰，还有许多其他大型制造商也在经历这种变革。例如，通用电气公司一直在构建其产品（比如喷气发动机上的涡轮叶片）的"数字双胞胎"（digital twin）①。该公司根据实体机器的现状建立相应的虚拟模型，以此来优化操作和预测故障，从而在根本上改变了商用设备的维护方式。

第二章讲述的后台操作是本书重点。在这里，人工智能技术可以帮助过滤和分析各种来源的信息流，使单调乏味的重复性任务实现自动化操作并且提升了人的技能和专业知识。例如，在加拿大的一家保险和金融服务提供商内部，人工智能系统可以处理来自新闻报道、报告和电子邮件的非结构化财务数据并由此提出具体的建议，而且系统在经过训练后可以提取满足不同分析师偏好的见解。

第三章介绍了企业如何在研发过程中利用人工智能。在每一个主要的研发阶段——观察、假设生成、实验设计和结果分析——人工智能技术都可以提升研发效率并且显著改善结果。在美国精准医疗公司，成熟的机器学习软件可以在患者的医疗健康记录中发现规律，然后自动根据数据生成假设。有一项研究曾经耗时两年来调查老年人合并用药的不良反应，而该系统仅用三个月就再现了这项研究的调查结果。

在第四章，我们将目光转向了市场营销和销售部门。人工智能在该领域的表现同样出色——甚至更好。机器学习技术（像亚马逊、苹

---

① 数字双胞胎是指可用于各种物理资产的计算机化"伴侣"，借助安装在物理对象上的传感器数据来映射产品的实时状态，工作条件或位置。——编者注

果、微软公司的智能语音助手正日益成为这些公司知名品牌的数字化身。换句话说，人工智能已经成为一个品牌。

在本书第二部分，我们探讨了"缺失的中间地带"，并为企业审视和"重构"传统的工作理念及流程提供了行动指南。为了充分发挥人工智能的作用，企业必须重新考虑员工的角色，建立人与机器之间的新型工作关系，改变传统的管理理念，并彻底审视当前工作理念，以填补这个空白领域。

第五章介绍了机器学习技术在整合到各种流程之后将衍生出哪些全新的工种。具体而言，算法的训练、解释和维系都需要人来完成，而这样的一种新工作就是机器关系经理人，他们类似于人力资源经理的角色，只不过机器关系经理人监督的对象是人工智能系统，而不是人类工作者。他们将负责定期对公司的人工智能系统进行表现评估，以提升这些系统的性能，并将其复制、应用到其他地方。性能较差的系统将被降级或者被停止使用。

在第六章，我们将描述人们如何通过人工智能技术来显著提升能力，从而实现业绩的突飞猛进。人工智能具有推动性、互动性，并体现了新的人类潜能。（在第五章，我们讨论了人类如何帮助机器扩展和增强性能，而本章则从反面论述，说的是机器对人的帮助。）这种新型的人机关系正在通过减轻人们烦琐的工作任务来帮助人们实现"自我超越"，并借助人工智能系统的专业指导、建议和支持获得更高的工作效率。

第七章切实研究了人工智能引发的管理问题，这些问题需要管理层和领导层采取全新的措施加以应对。其中一个巨大的难题是，管理层需要采取哪些措施来推动企业流程的重构？具体而言，管理层必须为 5 个关键事项提供支持，其中包括进行试错实验，建立人工智能数据供应链，等等。

最后，我们将在第八章探讨未来的工作前景。具体来说，随着人机协作变得越来越普遍，公司需要应用并开发 8 项新的"融合技能"：智能审讯（知道如何在各个抽象层面上以最佳方式向人工智能代理询问问题，以获得所需要的信息）、机器人赋能（在智能代理的协助下大幅提升业绩）、互惠学习（训练人工智能代理，使其具备新的功能，同时通过在职培训更好地利用人工智能）、整体融合（开发人工智能代理的心智模型，以改善协作成果）、回归人性（重构业务流程，使人类员工有更多的时间从事其擅长的任务，并且有更充足的时间用来学习）、负责任地引导（确立人机协作的目标和改变大众对人工智能的认知，使人工智能对个人、企业和社会负责）、判断整合（针对机器无法判断的事项选择行动方案），以及不断地重新构想（思考新的方法来改进工作、流程和业务模式，获得指数级的增长）。

五大关键原则

在研究过程中，我们发现各个行业中的领先公司（1 500 多个调查样本中的 9% 的公司）已经开始跻身于企业转型的第三次浪潮。它们已经最大限度地实现了自动化，并且正在开发新一代的程序和技术，以利用人机协作的优势。它们正在像 Waze 一样思考，通过利用个人和群体输入的信息及实时数据，将各个流程重构为动态的自适应流程。它们正在超越那种仅仅将静态地图数字化的传统思维。

这些领先公司如何实现这一目标？在调查过程中，我们发现它们已经在企业内部成功地运用了"思维模式、实验、领导力、数据和技能"这五大关键原则（简称"五大关键原则"）。

• **思维模式**：采用完全不同的方式围绕缺失的中间地带对工作进行重构。人们可以改善人工智能的性能，反过来，智能机器又能赋予人类超强的能力。以往人们着重于使用机器来使既定工作流程中的特定步骤实现自动化操作。现在，人和机器之间的协作可能性正在使许多传统流程发生变革。程序化的装配流水线正在被更加强大的人和智能机器组成的灵活团队所取代。此外，这些团队可以不断适应新的数据和人群生成的各类信息。这是真正的有机协作模式，这个过程就像有机体一样，会呼吸。我们预见到，人工智能技术将成为企业制胜的关键，它帮助企业更加贴近市场，并提高其对消费者需求的响应能力。然而，为了实现这一目标，管理者必须采用以行动为主导的独特思维模式来重构他们的业务流程，这一点我们将在书中逐步探讨。也就是说，管理者还必须意识到，他们需要先打好基础，而不是急于填补那个缺失的中间地带。具体来说，他们在初始阶段应当着力推进常规作业的自动化操作，以开发其员工的全部潜力，然后再专注于人机协作。

- **实验**：积极观察人工智能测试过程中有待改进的地方，并从缺失的中间地带的角度学习和考量重构过程。标准业务流程的时代即将结束，公司不能再依赖于复制领先企业的最佳实践操作，因此实验环节至关重要。管理者必须不断进行测试，以推导出最适合其专有条件的业务流程。这项工作的主要内容就是通过反复实验来确定人类应该做什么工作，以及什么工作最适合人机协作完成。

- **领导力**：确保自始至终都能够负责地使用人工智能。管理者在应用人工智能技术时必须始终考虑到其对伦理、道德和法律方面的影响，并且保证系统产生的结果必须能被合理解释，加强算法问责制并消除偏见。公司还需要切实确保使用人工智能系统的员工时刻牢记自己只是中间代理，他们在决策过程中要有高度的赋权感。此外，公司必须提供必要的员工培训和再培训项目，帮助员工在缺失的中间地带发挥新的作用。事实上，人才投资必须成为所有公司人工智能战略的核心部分。

- **数据**：建立数据"供应链"，为智能系统提供助力。人工智能需要大量的数据，这不仅体现在数量上，而且还有多样性的要求。其中包括"废气数据"——作为另一流程的副产品而生成的数据（例如，客户在浏览网页的过程中储存在用户本地终端上的数据，简称cookie）。如何积累这些信息以供使用，这是部署人工智能系统的企业所面临的最大挑战之一。此外，企业内部的数据应该具有自由流动性，且不会在各个部门之间受到阻隔。公司可以充分利用这些信息，并通过应用该信息和其他数据来支持、维系并改善人工智能和人在缺失的中间地带中的表现。

• **技能**：积极发展 8 项"融合技能"，以此在缺失的中间地带对流程进行重构。人工智能的不断发展让人机关系发生了根本变化。在企业转型的第二次浪潮中，机器通常被用来代替人工——例如自动化减少了对工厂工人、行政助理、记账员、银行出纳员、旅行代理等人员的需求量，不过企业转型的第三次浪潮却比以往更需要人的参与，人在当前的企业流程改革中处于中心地位。具体来说，自适应流程时代不仅需要人来完成人工智能系统的设计、开发和训练工作，而且需要人机协作来填补缺失的中间地带，实现性能的逐步提高。

正如读者即将看到的，"五大关键原则"的指导框架几乎涵盖了本书所有的实践经验，我们将在本书论述过程中反复提及这一框架。第七章尤其专注于"思维模式、实验、领导力、数据"的讲述，而第八章将深入探讨"技能"部分。

　　人工智能革命不是将至未至，而是就在眼前。它将重塑企业流程，并贯穿一切职能。企业将从这项技术中充分获益，并使员工的能力得到增强。本书将成为你了解和驾驭新格局的路线图，让我们即刻开启旅程！

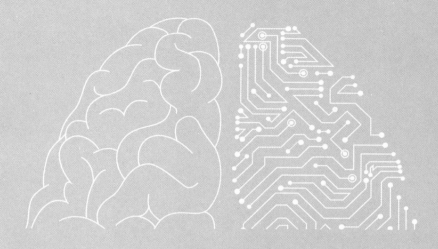

| 第一部分 |

融合时代就在今天

第一章　工厂车间中的人工智能
——新技术工种的"浇灌者"

从自动化流程到自适应流程

几个世纪以来，工厂一直是自动化流程的典范。因此，人们往往以机器的标准来衡量工厂工人。所以人和工业机器之间的关系一直令人忧心忡忡，也难怪人类工作者感觉他们已经被视作可有可无了。这种感觉的由来有根有据，自 2000 年以来，美国已经削减了 500万个制造业岗位，其中约有一半裁员是通过提高效率和自动化来实施的。[1]

但情况并不像看上去那么简单。正如我们在前面章节中讨论的那样，企业转型的第二次浪潮就是现有流程的自动化，很多人正是在这个时代被机器所取代。相比之下，企业转型的第三次浪潮的标志是彻底重构的自适应流程，其目标指向"人机协作"。在当今这个时代，由于人工智能的引入，工厂里的人性氛围越来越浓：例如，生产线上的工作性质发生了变化，而且岗位数量在不断增加。这不仅仅发生在制造业中，人工智能也在提升工程师和管理者的价值。另外，人工智能的出现还为位于产业价值链上下游的人员创造了全新的角色与机遇。

非常有意思的是，在这个通过人工智能重构流程的时代，一些自动化程度最高的场所——工厂和其他工业环境——正在经历一场人力的复兴。从装配线工人，到维护专家，再到机器人工程师和运营经理，人工智能正在重新定义工业环境中的工作。在很多情况下，人工智能可以节省我们的时间，释放我们的创造力，这实际上是让人更像人，而不是像机器一样工作。人工智能的影响之一就是，人们可以在人工智能的帮助下以另一种方式更好地完成工作，这不仅为公司提升了效率，而且可以节约成本。不过从长远来看，更重要的是公司开始着手重构其业务流程。在此过程中，它们发现了需要人类完成的新型工作以及全新的经营方式，这是我们本书第二部分的重点。

但是，我们不要急于求成，这是一个复杂的过程（相关历史视角请参阅本章末尾专栏《人工智能简史》）。在重改业务流程、职位描述和商业模式之前，我们需要回答以下问题：人类最擅长的是什么？

机器最擅长的又是什么？由于机器人在应对重复信息和数据处理方面具有优势，因此有一些任务将继续交由机器完成。但正如我们所看到的，工作的转交并非只有一种方式。在本章，我们调查了一些已经在制造、维护、仓储和农业领域探索并回答了上述人机问题的公司。这些早期的人工智能推动者已经让人和人工智能机器都在各自最合适的位置上发挥所长，并且企业正在从中获益。

人机矛盾正逐渐被修复

在东京工厂的第三次转型中，一批可以迅速掌握新技能的新型机器人闪亮登场。配上相机和机器学习软件，这些带有铰链、可旋转的机器人手臂能够自行找出最高效的方法来抓取零部件，然后将它们放置在其他地方，这个过程并不需要明确的编程。[2]

工厂可以利用机器人手臂完成许多任务，例如在装置上涂抹热胶，安装挡风玻璃，将金属打磨成锯齿状边缘。但通常情况下，工程师需要预先对机器进行编程。而当机器人改做其他工作时，工程师就必须重新编程。相比之下，由 Fanuc（发那科）公司和 Preferred Networks（首选网络）公司（总部均在日本）合作开发的新型机器人手臂则具备了自适应能力。它们使用了一种被称为深度强化学习的人工智能技术，机器人只要能够明确了解你想要的结果，就可以通过反复试验来找出解决方案。

根据 Preferred Networks 公司首席研究官比户将平的说法，这些机器人手臂需要 8 个小时的学习来达到 90% 以上的准确度，而专家编程也几乎需要耗费相同的时间来实现这个准确度。由于机器人手臂现在可以自动定向地完成这个任务，人类专家便有了更多的时间去完成其他更加复杂的任务，特别是那些需要人来做出判断的工作。更重要的是，只要一个机器人学会了一项任务，它就可以和网络中的其他机器人分享其学到的东西。这意味着，在学习效果上，8 个机器人手臂共同工作 1 个小时等同于 1 个机器人手臂花费 8 个小时来解决 1 个问题。比户将平称这一过程为"分布式学习"。他说："你可以想象，如果工厂中数以百计的机器人一同工作，那么共享的信息量会有多大。"[3]

现在，请想象一下人和这些机器人一起工作的情况。机器人手臂非常适合完成高度重复的任务和繁重的工作，但是无论在哪个工厂中，总会有一部分任务过于复杂，无法交给机器人来完成——例如安装大量的细电线或处理笨重、移动着的物件。这些过程仍然需要人的参与。

那么机器人手臂如何与人一起工作呢？以前这种合作并不成功。机器人的动作快速有力，是提升效率的好帮手，但也可能会对工人造成危险，所以经常被围在防护屏障里面。但是这种标准的隔离方式已经开始发生变化。由 Rethink Robotics（再思考机器人公司，由机器人和人工智能的先驱罗德尼·布鲁克斯创建）等公司研制的协作机器人都配备了传感器，可以让机器人识别各类物体并避免伤害到旁边的工人。当机器人不再笨拙时，它们就能与人类进行合作了。使用Rethink Robotics公司产品的工厂通常会让机器人和人类工作者协同工作，分工明确，各自执行自己最擅长的工作。有关嵌入式人工智能的更多示例，请参阅专栏《工厂里的人工智能》。

工厂里的人工智能

一个世纪以来，工厂车间一直在机器人自动化领域处于领先地位。从传送带到机器人手臂，再到融合人工智能的操作系统，工厂每天都在朝着更加智能的方向发展。

• 日立公司正在使用人工智能来分析大数据和员工的日常行为，然后将结果传输给机器人，再由这些机器人向员工传达指示，以应对实时波动的需求并现场改进目标。在一个试点项目中，该公司发现物流工作的效率提高了8%。[①]

• 在西门子公司，一批3D打印蜘蛛机器人通过人工智能系统与

① Dave Gershgorn, "Hitachi Hires Artificially Intelligent Bosses for Their Warehouses," *Popular Science*, September 8, 2015, www.popsci.com/hitachi-hires-artificial-intelligence-bosses-for-their-warehouses.

公司位于新泽西州普林斯顿的实验室进行沟通和协作，以此来完成任务。每个机器人都配有视觉传感器和激光扫描仪。总的来说，这种人机联合的力量正在把制造业推向一个新的高度。[①]

• 在一家名为 Inertia Switch（惯性开关）的制造公司，机器人智能和传感器融合技术使人机协作得以实现。这家制造公司使用的是 Universal Robotics（优傲机器人）公司的机器人，这些机器人可以随时学习任务操作，并可以灵活地在任务之间进行切换，从而成为工厂里的工人助手。[②]

重塑装配流水线

在人工智能的第二个"冬季"期间，罗德尼·布鲁克斯挑战了一个以往用来推动人工智能研究的基本思想——依靠预先确定的符号和符号之间的关系来帮助计算机理解这个世界（请参阅专栏《人工智能的两个"冬季"》）。他提出了一种更加可行的方法：相比事先对世界进行编目并以符号的形式呈现出来，为什么不用传感器去探测这个世界呢？"世界本身就是最好的模型。"他在一篇名为"大象不下棋"

① Mike Murphy，"Siemens is building a swarm of robot spiders to 3D-print objects together，" *Quartz*，April 29，2016，https://qz.com/672708/siemens-is-building-a-swarm-of-robot-spiders-to-3d-print-objects-together/.

② Robotiq，"Inertia Switch Case Study-Robotiq 2-Finger Adaptive Gripper -ROBOTIQ，" YouTube video，1:32 minutes，posted July 28，2014，https://www.youtube.com/watch?v=iJftrfiGyfs.

的著名论文中这样写道。布鲁克斯后来创建了 iRobot（艾罗伯特）公司和 Rethink Robotics 机器人公司，而 iRobot 公司就是智能吸尘机器人 Roomba（伦巴）的制造商。迄今为止，iRobot 公司生产的智能吸尘机器人的知名度已经达到了全球之最：2002 年至 2013 年期间，其机器人全球累计销量已经超过 1 000 万。[4]

如今，布鲁克斯的人工智能理念在研究和工业领域都充满生机。特别是 Rethink Robotics 公司生产的机器人手臂，由于配备了嵌入式传感器和运动控制算法，所以能够"感知"环境并随时进行自我调整。该手臂安装了弹性驱动器和可反向驱动的接头，这意味着它可以在发生触碰时自动回缩而消解力量。因此，即使它触碰到某个东西（或某个人），也不会像传统机器人手臂那样造成伤害。

当机器人手臂可以像 Fanuc 公司的产品一样具备自学能力，或者说，当机器人手臂像 Rethink Robotics 公司的产品一样运行起来更加友好、温和，那将会带来什么样的可能性呢？

在装配线上，工人可以和具备自我感知能力的机器人手臂进行协作。假设一名工人正在组装一辆汽车并需要在一扇车门上安装一个内部面板。机器人可以抬起面板并将其放置到位，而工人可以对其进行精细调整并加以固定，并且不用担心笨重的机器会碰到他的头。在人工智能的帮助下，机器人和人都能发挥自己的优势，装配流水线在此过程中也得到重塑。

人工智能的两个"冬季"

企业转型的第三次浪潮以人机协作为标志，但通往人机协作的道路并不平坦。人工智能起初备受追捧，结果却不尽人意。后来，这个领域又取得了一些进展，并再次受到炒作，然后再度令人失望。这些低谷期被称为人工智能的两个"冬季"。

人工智能的发展始于 20 世纪 50 年代，并在随后的几十年中断断续续地取得了一些研究进展。到 20 世纪 70 年代，很少再有资金投入人工智能的研究当中，而这个时期被称为人工智能的第一个"冬季"。然后，在 20 世纪 80 年代的几年里，一些研究人员在专家系统中取得了进展。所谓的专家系统就是，计算机中加载了代码，允许机器使用"如果—那么"（if-then）的规则执行一种基本的推理，而不是遵循严格的预定算法的系统。但当时正在进行台式电脑革命，人们的注意力都转向了更为实用并且价格亲民的个人电脑。于是研究资金再次枯竭，人工智能的第二个"冬季"降临了。直到 21 世纪初，人工智能的研究才重新获得资助。

一种方法是通过人工智能重新配置生产线。为了在汽车工厂里建设自适应生产线，弗劳恩霍夫物流研究院（IML）的工程师们一直在对嵌入式传感器进行测试。从本质上讲，生产线本身可以修正其流程中的各个步骤，从而在生产高度定制化汽车的过程中能够满足各种功能与配件的需求。因此，这些生产线可以根据需要进行调整，而非那种一条生产线每次只能制造一种汽车的工程设计。更重要的是，负责协调弗劳恩霍夫物流研究院战略项目的安德烈亚斯·内特斯卓特表示："如果某一个节点出现了问题或发生了故障，其他节点也可以完成这个装配节点的工作。"[5]

这意味着装配线上的工作人员将摆脱机械性的任务（机械性的任务可以交给机器人去做），去从事更加精细化的工作，而工艺工程师也无须在每次需求发生变化或机器出现故障时重新配置生产线。他们可以将时间花在更需要创意的工作上，从而获得更高的效率。

重构业务流程的三种方式

我们可以从机器人手臂来放眼整个工厂的生产线以及更加广泛的领域：整个制造业和工业环境都可以在流程中利用人工智能来释放人类在各种情况下的潜能。例如，维护工作将被人工智能所颠覆。先进的人工智能系统可以在机器发生故障之前进行预测，这意味着维护人员可以减少花费在常规检查和维修工作上的时间，从而有更多的时间来维护公司的资产。如想了解其他应用场景，请参阅专栏《利用人工智能提升机器效率》《人工智能在无人机中的应用》。

利用人工智能提升机器效率

Sight Machine 是旧金山的一家大数据分析公司，该公司利用机器学习进行数据分析来帮助客户减少工厂车间添加新机器时必要的停机时间。在一个案例当中，该技术将客户工厂车间的停机时间减少了 50%，并使所有机械投入运行后的净收益增长了 25%。此外，这项技术不仅有助于提高工厂效率，还可以让工程师和维护人员节省更多的时间来处理其他更有价值的任务。[①]

例如，通用电气公司利用人工智能支持的工业互联网云平台 Predix 来追踪其车间生产的产品。该平台建立在"数字双胞胎"的概念之上，即工厂的所有资产——从螺栓到输送带，再到涡轮叶片——都在计算机上进行监控和建模。Predix 可以搜集并管理大量的数据，还可以通过三种基本的方式来重构业务流程：

• 重构维护方式。通用电气公司保留着大量客户的装置统计数据，并使用机器学习技术根据当前情况来预测某些部件可能发生故障

---

① "Jump Capital, GE Ventures, and Two Roads Join $13.5 Million Series B Investment in Sight Machine," Sight Machine, March 22, 2016, http://sightmachine.com/resources/analytics-news-and-press/jump-capital-ge-ventures-and-two-roads-join-13-5-million-series-b-investment-in-sight-machine/.

的时间。在以往，专业维护人员需要定期检查或更换某些部件——例如汽车行驶每 75 000 英里[①]就要更换一次火花塞，而现在则可以根据需要进行检查和替换。人工智能系统节省了金钱和时间，使维护人员能够更好地完成工作。[6]

• 重构产品开发。数据越多，就越有利于研发工作。目前，通用电气公司将传感器连接到涡轮机最热的一些部件上来监测其物理变化。它们发现，传感器在机器运作的高温下逐渐融化，同时，在此过程中涡轮机从冷到热的过渡数据被收集起来。这些信息可以帮助工程师更好地了解涡轮机中所用材料的热力学性质，并有可能改善产品的运行条件。多亏有人工智能的帮助，工程师现在可以获得更多的数据，用以了解系统的运行情况。[7]

• 重构操作方式。通用电气公司根据收集到的现场测试数据构建其产品（如喷气发动机）的"数字双胞胎"。然后，工程师可以模拟飞机遇到寒冷天气、炎热天气、尘雾天气、暴雨天气，甚至是鸟群时的状况并根据虚拟情况进行测试。[8]该公司还监测着 1 万台风力涡轮机，它们的"数字双胞胎"正在帮助涡轮机适应实时环境。由这些数据分析得出的一个具有价值的观点是，最好根据风向让前置涡轮的运转速度比工程师预计的速度慢一些。当前置涡轮吸收较少的能量时，后面的涡轮可以接近其最佳运转水平，从而提升整体产生的能量。这

---

①　1 英里 ≈1.609 千米。——编者注

个程序表明，"数字双胞胎"技术不仅可以应用于单个产品，还能用以全面优化整个风电场的运行情况。根据通用电气公司的数据，"数字双胞胎"可以使风电场的产量增加 20%，并在风电场的 100 兆瓦的使用周期内创利 1 亿美元。[9]

人工智能在无人机中的应用

由人工智能驱动的无人机可以上天入海，是我们的另一双慧眼。团队可以通过远程操控无人机来探索潜在的危险地形，从而让人类工作者不必以身试险。

• 经营 Cloudbreak（断云）矿山的福蒂斯丘金属集团使用无人机来收集空间信息。大量的无人飞行器大幅降低了高危地区操作员的安全风险。[①]

• 在必和必拓公司（BHP），装有红外传感器和伸缩式摄像头的无人驾驶飞行器可以标记安全梁和施工中的道路问题。它们还可以查看爆炸区域，确保爆炸前已将人员疏散完毕。[②]

---

① Allie Coyne，"Fortescue deploys survey drones at Cloudbreak mine," *IT New*s，August 31，2015，https://www.itnews.com.au/news/fortescue-deploys-survey-drones-at-cloudbreak-mine-408550.

② Rhiannon Hoyle，"Drones，Robots Offer Vision of Mining's Future," *Wall Street Journal*，July 28，2016，http://www.wsj.com/articles/drones-robots-offer-vision-of-minings-future-1469757666.

• 波音公司的"回声航行者"（echo voyager）是一种无人深海机器人，用于检查水下基础设施，采集水样，创建海底地图以及协助石油和天然气勘探。[①]

Predix 的这三项用途可以减少员工的常规工作，使其能够从事更有意义的工作。维护人员有了更多的时间来处理棘手的问题，而不必把时间都耗费在日常监测上面。工程师可以获得更多的数据来预测系统是否运行良好，并提出更多创造性的解决方案。最后，"数字双胞胎"模型提供的实验空间远远超过大多数工程师的需求。工程师可以利用这些模型以更具创意的方式来解决问题，并让先前隐藏起来的低效率问题浮出水面，从而有可能节省大量的时间和金钱。

揭秘"智能仓库"

如今走进一个现代仓库或配送中心，机器人在地面上来回移动的场景并不少见。有关更加智能的供应链与仓库机器人的样本详情，请参阅专栏《仓库和物流中的人工智能》。

---

① "Boeing's Monstrous Underwater Robot Can Wander the Ocean for 6 Months," *Wired*, March 21, 2016, https://www.wired.com/2016/03/boeings-monstrous-underwater-robot-can-wander-ocean-6-months/.

仓库和物流中的人工智能

人工智能承担了仓库导览和库存编目的任务，并改变着人们对仓库设计的认知。

• 亚马逊在 2012 年收购 Kiva（基瓦）机器人时曾表示，在亚马逊仓库里快速移动的机器人是其获取优势的关键。机器人不仅可以帮助举起和堆放装满不同产品的塑料箱，还可以自动将仓库里的物品传送给分拣人员，然后由分拣人员对物品进行分类操作。由于工作效率得以提升，亚马逊能够做到为客户当天发货。[①]

• 欧莱雅使用射频识别技术（RFID）和机器学习技术来防止公司位于意大利的仓库发生叉车事故。当附近出现其他车辆时，跟踪系统会向叉车操作员和行人发出警告，以避免碰撞事故发生。[②]

通常这些机器人都很先进，知道要去什么地方并了解自己在做什么。但它们也有局限性，假设一个装有雀巢脆谷乐（谷物食品）的

---

① Nick Wingfield, "As Amazon Pushes Forward with Robots, Workers Find New Roles," *New York Times*, September 10, 2017, https://www.nytimes.com/2017/09/10/technology/amazon-robots-workers.html.

② Claire Swedberg, "L'Oréal Italia Prevents Warehouse Collisions via RTLS," *RFID Journal*, August 18, 2014, http://www.rfdjournal.com/articles/view?12083/2.

箱子坏了，使得箱体的重量都集中到了一边，那么大多数的机器人都没有能力自行做出调整，而是需要跳过这个箱子，然后转向下一个箱子。但是来自Symbotic（西蒙波迪克）公司的机器人可以借助机器视觉算法对形状不规整的包裹进行分析并轻松搬运。更出色的是，这些机器人可以快速测量货架空间，以确认是否适合放入箱子。如果不适合，机器人会提醒中央控制系统，该系统会自动重新发出指示，让机器人将该箱子放入适合的货架。机器人以每小时25英里的速度在仓库的地面上快速移动，并在此过程中进行搬运、感知和自我调适。

传统仓库与配备了Symbotic公司的机器人的仓库之间有着显而易见的区别。通常，卡车会在码头卸下货物托盘，托盘有固定的存放区域，直到人们将托盘上的货物卸下，然后用传送带将货物移到仓库的各个位置。但由于Symbotic公司的机器人可以立即从托盘中取出货物并将其放置在货架上面，这样一来，仓库就不需要预留存放托盘的空间，也不需要使用传送带了。配备了Symbotic公司的机器人的仓库可以节省更多的空间来放置更多的货架。Symbotic公司的业务发展副总裁乔·卡拉卡帕表示，这种优势非常明显：在最好的情况下，仓库可以存储的货物数量是以前的两倍，或者仓库的运作面积可以减半。此外，小型仓库可以更容易地设置在已经规划好的社区里，而且容易腐烂的物品也可以靠近销售点进行存储。

在把货物存储到仓库的过程中，由于只有装卸货物时才需要人工，所以我们想必有一个疑问：仓库里的工人除了装卸货物还能做些什么？卡拉卡帕说，Symbotic 公司目前在对很多工人进行培训。例如，那些负责在传送带上进行维护工作的人员接受了修理机器人的培训。卡拉卡帕说，他们还设置了新的职位，比如系统操作员，负责监控机器人的整个工作流程。"在实现自动化之前，仓库通常不设置这些职位，"他解释说，"不过我们会在当地雇用人员，而且客户也是流程的一部分。"[10] 在本书第二部分，我们将对缺失的中间地带进行深入、详细的讨论，并进一步探讨这些新的工作类型。

会思考的供应链

智能仓库仅仅是个起点。目前，人工智能技术正在使整个供应链变得越来越智能化，就像其在工厂车间中带来的进展一样。当然，各个公司都希望尽可能地减少来自供应链上游的任何干扰，这些干扰可能源于多个方面——供应商的制造品质问题、地区政治动荡、工人罢工、恶劣天气事件等。为此，人工智能有助于收集和分析供应商的数据，更好地了解供应链变量，并预测未来情景等。企业还希望尽量减少下游的不确定性。鉴于此，人工智能可以帮助公司优化需求计划，使其更准确地进行预测，并更好地控制库存，从而让供应链变得更加灵活，还可以更好地预测和应对商业环境的变动。

这里只需要考虑流程的一部分：需求规划。许多公司都有的一个痛点，就是无法做出准确的需求规划，但通过应用神经网络、机器学习算法和其他人工智能技术就可以缓解这一痛点。例如，一家领先的健康食品公司利用机器学习算法来分析促销期间的消费需求变化和趋势，并由此得到一个可靠而详尽的模型，可以凸显商业促销的预期结果，从而使预测误差减小 20%，销售损失减少 30%。

消费品巨头宝洁公司就采取了这种改进措施。该公司的首席执行官最近表示，他的目标是每年削减 10 亿美元的供应链成本。部分成本的节约归功于近期在仓库和配送中心应用的人工智能和物联网等自动化技术。其他的节约项目将通过长期工作来实现，其中包括在多达 7 000 个不同的库存点完成产品交付的可定制自动化。这些举措和创新项目是否能使宝洁公司每年在供应链成本方面节省 10 亿美元，我们还有待观察。但可以肯定的是，人工智能将在这个过程中发挥重要的作用。

垂直农场——开启全新农业模式

人工智能技术不仅对供应链以及消费品和工业机械的制造产生了巨大的影响，而且在粮食生产中也发挥着重要作用。农业生产的效率仍有待提高，根据多项统计资料显示，全球约有 7.95 亿人还过着食不果腹的生活，并且随着人口的增长，未来 50 年还会有更多的粮食需求，甚至超过过去 1 万多年来的粮食产量总和。淡水和耕作土壤历来都是难以获取或维持的农业资源。利用人工智能和有关农作物状况的细粒度数据而实现的精准农业有望显著提高农作物产量，减少水和肥料等资源的浪费，并从整体上带来生产效率的提升。

为了实现更加高效的操作，精准农业需要利用各种物联网传感器组成的庞大网络来收集细粒度数据。这些信息可能来自卫星或无人机捕获的航拍图像（用于在农作物长出地面之前检测其病害）、现场环境传感器（例如监测土壤的化学成分）、安装在农场设备上的传感器、天气预报数据和土壤数据库。

为了帮助企业理解各种各样的数据流，埃森哲开发出了一项新型服务——精准农业服务，该服务可利用人工智能在害虫控制、化肥使用等方面提供更好的决策。其理念是通过机器学习引擎来分析物联网传感器数据，并以两种方式利用分析得出的反馈信息。一是把反馈信息直接发送给农场主，由其制订解决方案。二是把反馈信息直接发送到农场的数字化工作管理系统，然后自动执行建议方案。在该系统中，由最新的传感器数据和实时分析组成的反馈环路可以帮助农场实现自我修复。农场主在认可系统的建议方案时也构成了反馈环路的一部分。而随着系统逐步变得越来越可靠，农场主就可以有更多的时间来管理那些不容易自动完成的任务了。

人工智能还可以实现全新的农业模式，如"垂直农场"，在这种农业模式下，植物可以在城市环境（例如城市仓库）里30英尺[①]高的托盘中生长。在美国 AeroFarms（空气农场）公司运营的位于新泽西州纽瓦克的一个垂直农场中，关于温度、湿度、二氧化碳水平和其他变量的数据不断地被收集起来，而机器学习软件会在种植作物（包括羽衣甘蓝、芝麻菜和京水菜等植物）的过程中实时分析这些信息，尽可能地提升效率。据该公司称，与传统农场相比，纽瓦克农场预计用水量将减少95%，并且肥料用量将减少50%。由于农作物被种植在室内，因此不需要使用农药。AeroFarms 的专家预测，距离曼哈顿仅15英里的纽瓦克垂直农场每年可种植并生产200万磅农产品。[11]

　　虽然精准农业还不是很普及，但其涉及的一些技术（例如卫星数据分析）已应用多年。当前精准农业与传统农业的不同之处在于物联网的大范围使用。物联网实现了传感器数据与应用程序之间的交流，而应用程序又可以与机器学习系统进行交流。精准农业的最终目标是通过整合利用各类系统，并提出农民可以实时采纳的行动建议，从而减少农业生产过程中产生的资源浪费并获得更高的产量。预计到2020年，精准农业服务将稳步增值到45.5亿美元。[12] 随着精准农业技术的应用越来越广，土地会受益，农民会受益，需要健康又廉价的食物的数亿人也会从中受益。请参阅专栏《慈善事业中的人工智能》。

---

① 1英尺 =0.304 8 米。——编者注

慈善事业中的人工智能

Akshaya Patra（阿莎亚帕提拉）基金会是印度一家非营利组织，其愿景是希望"印度的儿童不再因为饥饿而丧失受教育的机会"。该组织将人工智能与区块链（一种数字化、去中心化的公共账簿）和物联网技术相结合。为了实现该愿景，Akshaya Patra 基金会制订了一项午餐计划，通过为孩子们提供一顿健康的午餐，来保证孩子们有充分的动力和营养继续接受教育。自 2000 年以来，该组织一直在为儿童供应午餐，从最初的 1 500 名儿童，到 2017 年增加到每年 160 万儿童。该组织还在 2016 年纪念了它的第 20 亿次午餐供应。迄今为止，这家非营利组织的试点厨房的效率已经提高了 20%。目前，手动输入的信息会立即转换成数字化的反馈，而区块链也在提升审计工作、出勤记录和发票处理的效率。人工智能可用于准确预测需求，而且物联网传感器可以监控和编排烹饪过程，以最大限度地减少浪费并确保食品质量的稳定。人工智能与其他技术的结合将帮助 Akshaya Patra 基金会更加高效地运作，这也意味着更多的孩子会得到食物和继续接受教育的机会。①

---

① "About Us," Akshaya Patra, https://www.akshayapatra.org/about-us, accessed October 23, 2017.

制造业的第三次浪潮

我们在本章看到人工智能如何改变业务流程的本质。鉴于各种原因，工厂和工业环境将持续采用高度自动化的形式，其中安全和效率是两个主要的驱动因素。尽管新的自动化技术将取代一些人力工作者，但人类仍然有充足的发挥空间。管理者不应该只想着用机器取代人工，而是要用全新的思维来看待工作，这是我们"五大关键原则"框架中的领导力板块。我们在前言部分详细介绍了这一框架，它要求管理者专注于流程重构以及在"缺失的中间地带"为员工安排新的职位（我们将在第二部分加以详述）。另外，正如本章所示，某些技能的需求量仍在增长，并且出现了全新的技术工种。我们将在第八章看到，通用电气公司及其设备的购买者都需要维护人员以创新的方式很好地利用先进技术。这是"五大关键原则"中的技能板块。这些工作需要发挥人类所长：适应新的形势并寻找创新性的解决方案来应对挑战。而机器则负责繁重的搬运工作、监控以及单调乏味的任务。

对于研究人员、工程师、农场主而言，人工智能系统提供的数据和分析结果可以起到第三只眼睛的作用。这就是为什么"五大关键原则"中的数据板块如此重要。转眼之间，极为复杂的工业或生态系统变得清晰可知，使工程师和管理者能够消除先前不易发现的低效率问题，并且在改进流程环节的时候也更加胸有成竹。当你认真地评估人和机器的各自优势以及合作优势时，运营业务和设计流程的无限可能性便显现了出来——这也是"五大关键原则"中思维模式板块的重点内容。通过探索这些可能性，公司可以开发垂直农场等全新业务。事实上，管理者可以从"五大关键原则"的实验板块中寻找改变游戏规则的创新方法，这些方法将改变他们的公司，甚至改变整个行业的面貌。

在下一章，我们将探索后台部门中的人工智能。"第二次浪潮"带来的自动化流程就在后台运转，而"第三次浪潮"的人工智能则进一步解放了那些一直受限于蹩脚的 IT（信息技术）工具或低效率流程的人们。在这里，我们还会看到人工智能和人们的奇思妙想如何改变着平庸乏味的工作流程。人机协作有可能带来更高的效率和效益。

人工智能简史

作为当今自适应流程时代的驱动技术，人工智能已经有数十年的发展历程。通过对这项技术的简要回顾，我们可以了解其先进功能的一些背景信息。

人工智能一词于 1956 年被正式提出，当时约翰·麦卡锡（被称为"人工智能之父"）创建了一个由计算机和研究科学家组成的小组，组员包括美国数学家克劳德·香农、科学家马文·明斯基等人。他们聚集在达特茅斯学院，第一次就机器智能模仿人类智慧的可能性展开了一场讨论会。[1]

这次会议基本上是一次延伸性的头脑风暴，而支撑这场讨论的基础是：假设我们可以精确地描述出学习和创造过程的每个方面，并可以对其进行数学模拟且该模拟数据能够被复制到机器里面。这个目标很宏大，从会议宗旨便可见一斑："想办法让机器使用语言，形成抽象和概念来解决目前只有人类可以解决的各种问题，并让机器具备自我改进能力。"当然，这只是一个开端。

会议成功地对人工智能领域做出了基本的定义，并对围绕人工智能概念的许多数学思想进行了统一。该会议还在其后几十年中启发了许多研究者，开辟了全新的研究领域，例如，明斯基就和麻省理工学院的西摩·佩珀特教授写了一本关于神经网络（一种以生物神经元为模型的人工智能）的适用范围和局限性的基础书籍。还有专家系统（一个包含深层次的专业领域"知识"的智能计算机程序系统）、自然语言处理、计算机视觉和移动机器人等其他想法的出现都可以追溯到这次会议。

其中一位参会者叫阿瑟·塞缪尔，他是 IBM 的一名工程师，当时正在开发一个用来玩跳棋的计算机程序。该程序可以对棋盘的局势进行评估，并计算出某个特定棋局一方的胜率。1959 年，塞缪尔创

---

[1]　"Artificial Intelligence and Life in 2030," Stanford One Hundred Year Study on Artificial Intelligence (AI100), September 2016, https://ai100.stanford.edu/sites/default/files/ai_100_report_0831fnl.pdf.

造了"机器学习"这个术语，该领域研究的是如何让计算机在无须明确编程的情况下具备学习能力。1961 年，他的机器学习程序得以应用并击败了当时在美国排名第 4 的跳棋选手。但是因为塞缪尔比较谦虚而且不喜欢自我推销，所以直到他于 1966 年从 IBM 退休后，机器学习的重要性才被更多的人所了解。[1]

在该会议结束后的几十年里，机器学习的理念仍然模糊不清，而其他类型的人工智能则占据了中心位置。特别是 20 世纪七八十年代的研究人员都专注于基于物理符号和逻辑规则操纵的智能概念。然而，这些符号系统在当时并没有在实践上取得成功，这些失败导致人工智能走向了"冬季"。

然而，到 20 世纪 90 年代，研究人员开始将统计学和可能性理论融入研究当中，从而带动了机器学习的蓬勃发展。与此同时，个人计算革命也拉开了序幕。在接下来的 10 年中，数字系统、传感器、互联网和移动电话变得越来越普遍，并为机器学习专家提供了用于训练这些自适应系统的各种数据。

目前，我们将机器学习程序视为基于工程师或专家用来训练系统的数据集而建立模型的应用程序，这与传统的计算机编程有着本质区别。标准算法遵循的是由程序员的静态指令或代码设置启动的预定路

---

① John McCarthy and Ed Feigenbaum, "Arthur Samuel: Pioneer in Machine Learning," Stanford Infolab, http://infolab.stanford.edu/pub/voy/museum/samuel.html, accessed October 23, 2017.

径，而机器学习系统则可以使机器自主学习，并根据数据集的更新而改变其内部模型和"看"世界的方式。如今机器可以根据经验和数据进行自我学习和改变，程序员也已经不太像是规则制定者和发号施令者，更像是教师和培训师。

现在，应用机器学习的人工智能系统无处不在。银行用它进行欺诈检测，约会网站用它向用户提出匹配建议，营销人员用它预测广告受众的反应，照片共享网站用它进行自动人脸识别。自从机器学习程序诞生以来，我们已经在这条路上走了很远。2016年，谷歌的AlphaGo展现了机器学习取得的重大进展。有史以来，计算机第一次击败了人类围棋冠军，而围棋是比跳棋或国际象棋更为复杂的游戏。作为这个时代的一个代表，AlphaGo的棋招出乎人们的意料，一些观察家认为这些招式很有创意，简直"漂亮极了"。①

数十年来，人工智能和机器学习的发展一直断断续续，不过近年来其在产品和业务运营方面的应用表明，它们已经蓄势待发，即将步入黄金时代。根据优步（Uber）的前机器学习负责人丹尼·兰格的说法，该技术终于从研究实验室中破壳而出，并迅速成为"企业变革的基石"。②

---

① Cade Metz, "How Google's AI Viewed the Move No Human Could Understand," *Wired*, March 14, 2016, https://www.wired.com/2016/03/googles-ai-viewed-move-no-human-understand/.

② Daniel Lange, "Making Uber Smarter with Machine Learning," presentation at Machine Learning Innovation Summit, San Francisco, June 8-9, 2016.

第二章　后台管理中的人工智能
——企业职能部门的"把关人"

为什么有些工作就应该交给机器人去做？

金融机构洗钱是一个备受关注的问题，有此行为的机构可能会面临巨额罚款以及针对违规行为的严格监管限制。在一家大型全球性银行中，多达 1 万名员工负责识别可能存在洗钱、恐怖融资和其他非法活动的可疑交易和账户。为了满足美国司法部的严格要求，银行需要采取积极的监督方式，而过多的误报又使银行的甄别成本大幅增加。

为了应对这一问题，该银行配备了一整套应用机器学习算法的反洗钱检测的高级分析工具，以便更好地对交易情况和账户进行细分，并设定最优阈值来针对可疑活动向调查员发出警报。所有这些过程都是动态完成的，并结合了最新的数据与结果。此外，网络分析的应用还有助于发现新的可用模式——例如，如果两名银行客户之间的业务关系往来密切，并且其中一方涉及了非法活动，那么另一方也有可能涉及这一非法活动。

目前的结果是令人满意的。反洗钱系统使误报率降低了30%，这使工作人员有了更多的时间来研究那些需要人工判断和涉及专业知识的案例。该系统还有助于缩短每次研究案例所需的时间，从而使成本大幅降低了40%。

几乎没有人喜欢一成不变地从事重复性或机械性的任务。通过与那些做着大量重复工作的人员进行交谈，你就知道他们多么希望自己的工作中能发生一些不寻常的事情。如果他们有机会解决一个难题，就会觉得自己好像对公司，甚至是对别人的生活发挥了作用。杜克大学的教授乔丹·埃特金和沃顿商学院的营销学教授凯西·莫吉内尔通过研究表示，整日重复工作中产生的某种变化可以提升人们的幸福感，这很可能来自更强的刺激感和更高的生产率。[1] 那么，问题就来了，我们为什么要把人训练得像机器人一样工作？为什么不让人变得更加人性？或者，正如我们讨论过的全球性银行的案例，为什么不让员工专注于具有更高价值的任务——那些需要人的判断、经验和专业知识的工作？

我们的研究已经证实，在许多情况下，人工智能可以让人类工作者变得更加人性化。一些机械性的管理工作，如货品计价、簿记、会计、投诉、形式处理和调度，最初都是伴随着标准 IT 技术的应用而产生，为的是应对机器在 20 世纪 90 年代和 21 世纪初的局限性。人力资源、IT 安全和银行合规部门通常负责执行有明确定义的重复性任务，这就是企业转型的"第二次浪潮"。

　　本章考察了企业流程中的创新性改进——这种趋势多年来一直处于积蓄状态，直到近几年才随着科技的进步在众多企业中得到推广。我们给出的例子着眼于一些基本问题，任何想在企业流程中应用人工智能的人都应该了解。在企业流程改革的新时代，这些工作会变成什么样子？哪些工作最适合人类来做，哪些工作最适合机器来做？诚然，许多企业实现了人工智能与其员工队伍的有机结合并取得了立竿见影的效果，但如果你能够利用超智能系统来彻底变革工作流程，那将会是一番什么样的情景呢？它将带来什么样的增长、服务和产品？

　　为了回答这些问题，我们先来看一项常见的工作：投诉分类与处理。在过去，客户投诉的分类工作大多是由人来完成的，而许多烦琐的操作会降低人们的工作满意度。例如，在英国的维珍铁路公司，一组客户服务代表负责人工读取、分拣和处理投诉。这些重复的劳动耗时耗力，很容易分散员工的注意力，而且比其他的工作——比如直接与客户交谈——更令他们疲惫不堪。

　　由于"读取－分类－处理"的过程可以被明确定义，因此，这一过程完全可以通过自动化程序来完成。但是由于传入信息是基于文本的，并且在软件系统中被视为"非结构化"信息，所以一般的系统解析起来可能有些困难，于是人工智能就登场了。现在，维珍铁路公司安装了一个叫作 inSTREAM 的机器学习平台，该平台具有自然语言处理功能，可以通过分析类似示例（本案例中为投诉示例）的语料库并跟踪客户服务代表如何与传入文本进行交互来识别非结构化数据中的模式。

如今，维珍铁路公司在收到投诉时其人工智能系统可以自动对投诉进行读取、分类，并打包成一个可供员工快速查看和处理的备案文件。系统还会自动对一些最常见的投诉给予恰当回复。如果软件程序对于某项投诉无法确定处理方案，就会将其标记为例外项，交由人类员工审核，而工作人员的回复又可以使软件模型得到有效更新。一段时间后，算法的能力会因为反馈得到提升，进而可以应对更多的情形。该系统处理的投诉有短有长，其中有普通诉求，也有特殊诉求，有的用英语书写，有的用的是他国语言。

得益于这项新技术，维珍铁路公司的投诉受理部门减少了 85% 的人工工作量，而且客户通信量增加了 20%，因为这项新技术使公司得以增强与客户之间的互动。以往该公司只接受网站投诉，而现在则可以处理来自电子邮件、传真、邮寄邮件和社交媒体等各个渠道的咨询。[2] 维珍铁路公司是在后台添加自动化智能系统的众多公司之一，更多示例请参阅专栏《企业流程中的人工智能》。

企业流程中的人工智能

每一个公司的业务部门都有大量的后台活动。人工智能的引入可以帮助其减轻重复性、低可见性任务的负担，使员工可以专注于更高价值的任务。

• 高盛集团（一家国际领先的投资银行）利用人工智能研究多达100 万份不同的分析报告，以确定影响股价的主要因素。[1]

• 伍德赛德石油公司使用 IBM 的"沃森"程序将其在人力资源、法律和勘探活动中获取的经验进行扩展共享。[2]

• 除了雇用调解人员之外，《赫芬顿邮报》还利用人工智能来标记不当评论、垃圾邮件和辱骂性语言。[3]

---

[1]　Nathaniel Popper, "The Robots Are Coming for Wall Street," *New York Times*, February 25, 2016, https://www.nytimes.com/2016/02/28/magazine/the-robots-are-coming-for-wall-street.html.

[2]　Daniel Russo, "Hiring Heroes: How Woodside Energy Works with IBM Watson," IBM Watson blog, September 11, 2017, https://www.ibm.com/blogs/watson/2017/09/hiring-heroes-woodside-energy-works-ibm-watson/.

[3]　Mike Masnick, "HuffPost Moderates Comments to Please Advertisers [Updated: Or Not]," *Tech Dirt*, October 30, 2012, https://www.techdirt.com/articles/20121022/12562620788/huffpost-moderates-comments-to-please-advertisers.shtml.

• 亚利桑那州立大学正在使用一种自适应学习工具，该工具可以利用机器学习为新生提供入门课的个性化辅导。[①]

自动化使人类变得更加人性化

维珍铁路公司应用的系统是一种比较先进的后台自动化程序，可以用来分析和适应非结构化数据以及突然流入的数据潮，该应用程序被称为 RPA（robotic process automation，机器人流程自动化）。简而言之，RPA 是一种执行数字办公任务的软件，这些任务都是重复性的管理流程，并且大部分具有事务处理性质。换句话说，RPA 可以使现有流程自动化。但为了重构流程，企业必须利用更为先进的技术——人工智能。请参阅本章末尾专栏《人工智能技术和应用程序的结合》。

目前，应用了人工智能技术的系统（如计算机视觉或机器学习工具）可以用来分析非结构化数据或复杂的信息，例如读取各种类型的发票、合同或采购订单。系统可以处理各种格式的文档，并将正确的数值输入表格和数据库以供进一步操作。另外，更为先进的系统还应用了复杂的机器学习算法。该系统不仅能够执行已编程的任务，还能

[①] Seth Fletcher, "How Big Data Is Taking Teachers Out of the Lecturing Business," *Scientific American*, August 1, 2013, https://www.scientificamerican.com/article/how-big-data-taking-teachers-out-lecturing-business.

够对任务和流程做出评估，并根据需要进行调整。系统可以通过"观察"员工进行自我学习，提升表现。换句话说，这正是企业实现转型所需的技术，即我们在前言中提到过的自适应流程。这些程序应用的是一种难以解释的隐性知识或专业知识抑或模型，具有更强的变革性，并且这一过程通常需要员工的积极参与。请回想一下我们之前讨论过的全球性银行的反洗钱系统，它能处理复杂的金融交易，自动标记可疑交易，然后交由人类专家做出判断，以决定是否需要采取进一步的调查行动。这种类型的人机协作也是第三次企业流程转型的典型代表。

公司可以应用一系列的技术，有时也可以只部署一种应用。我们可以参考联合利华公司聘用员工的流程。假设你正在找工作，并且你在领英上发现联合利华公司有一个可能适合你的职位。在第一轮的申请流程中，你需要完成 12 个根据认知神经科学领域开发的在线测试游戏。这些游戏有助于评估你的一些特征，比如你对风险的厌恶程度以及在语境暗示中读出情绪暗示的能力。联合利华公司表示，游戏的答案没有对错之分，例如有风险偏好的人可能适合某类工作，但对另一些职位而言，也许风险厌恶者会更加符合职位要求。企业在处理第一轮的申请过程中无须应用高级人工智能，只需要 RPA 等相对基础的技术就可以满足需求。

当你进入下一轮的申请流程时，公司就会要求你通过电脑或智能手机录制并提交一份面试视频。在视频当中，你需要回答一组针对你的意向职位设计出来的问题。此时高级的人工智能技术就发挥作用了：你的答案将由人工智能应用程序 HireVue（一款在线面试的工具）进行分析，该程序不仅会记录你的用词，而且还会分析你的身体语言和语气。最优秀的候选人才会被请入公司办公室，由那里的招聘决策人员进行最终评估。

联合利华公司的实例不仅展示了如何在同一程序的不同环节应用不同的技术，还展现了人机协作的力量。在新系统投入使用后的 90 天内，该公司的求职申请量就比前一年同期增长了一倍，达到 3 万人次。此外，公司招到一位聘用人员的平均时间从 4 个月缩短到仅仅 4 周，招聘人员用于审查求职申请的时间也减少了 75%。此外，该公司的报告指出，自系统安装以来，公司已经组建了迄今为止最多样化的员工队伍。其校园招聘的人数也从 840 人猛增至 2 600 人。[3]

如何知道哪些流程需要变革？

如果企业的操作流程中出现了重复、冗余、固化这些特征，那就说明这项任务或流程需要进行变革。

作为一家初创公司，Gigster（硅谷软件开发公司）的发展十分迅速，其开发者和创始人罗杰·迪基意识到，大多数软件程序的代码中都存在重复和冗余的部分。但无论新的软件项目与之前的其他软件项目有多相似，都要经历一个极其复杂的建立过程，其间还会出现许多阻碍进程的漏洞和错误。人工智能是不是可以重构软件项目开发所需的操作流程呢？

Gigster 已经给出了肯定的回答。该公司通常使用人工智能来帮助其他公司评估某一软件项目的需求，并自动组建一个专门的开发团队来完成项目。如果你是一家需要创建应用程序或其他软件产品的小公司，但又没有时间或资源聘请自己的开发团队，那么就可以找 Gigster 帮忙。如果你是一家大公司，并且不希望从现有项目中分流资源，那么也可以与 Gigster 合作。

Gigster 有效地瞄准了多个企业领域：人力资源（通过人工智能组建团队）、采购（利用人工智能生成报价），以及 IT（开发工作成员并由人工智能辅助管理）。

Gigster 如何变革采购和人力资源流程呢？假设你想创建一个应用程序来帮助患者完善他们的医疗记录并与医生共享信息，那么你需要做些什么呢？首先，你可以给 Gigster 发一个简短的文档，说明该应用程序的核心功能以及你希望人们如何使用这个程序。而 Gigster 的员工会将项目描述与 Gigster 的"数据结构"库（其实就是软件功能目录）中的其他项目进行交叉参照。迪基说，他的公司已经绘制出了"软件基因组"并推断出软件产品可能具备的 500 种不同功能。接下来，Gigster 还会考虑到用户界面的外观或完成工作所需的时间等另外 20 个客户要求。根据客户的模型、描述和要求，Gigster 的人工智能报价生成器可以参照之前有类似要求的项目来估算价格和时间进度。

如果你对价格和时间进度均表示认同，Gigster 的人工智能项目就会开启工作。公司将根据你对软件的需求来匹配软件开发团队的成员，组成"团队建设者"。一个典型的团队一般由 3~5 人组成：一位项目经理、1~2 位设计师，以及 1~2 位开发人员。这些成员都有着出色的业绩并由 Gigster 的在线系统进行密切监督，从而使软件开发团队能够在保证质量的前提下准时提交产品。这个初始设置需要耗费 1~3 天的时间。

由于软件开发人员是在数字领域进行操作，因此他们的行为比较容易被记录与分析。"我们相信工作具有可衡量性，数据也有一定的模式，这些模式可以用来提升工作效率。"迪基说。这意味着 Gigster 知道成功地开发一个软件项目需要经历哪些流程——基于数百个其他项目——并且人工智能工具可以利用这些信息在情况失控之前发现潜在的产品问题。另外，每当开发人员遇到特定的代码问题时，人工智能助理可以自动地使他们联系到近期或当前正在解决类似问题的人员。"这是一位了解你项目进展情况的人工智能助理，"迪基说，"并且可以把你和世界上做着同样事情的其他人联系起来。"[4] 这种增强员工能力的方式是人机协作的关键之一。

人工智能在业务流程中的应用

鉴于公司的业务（软件）特性，Gigster 可以将人工智能应用到一系列的 IT 和业务流程当中。有些公司可能只需在几个流程中应用人工智能就可以得到改观。对于此类公司，管理者需要做出明智的判断，以最佳的方式增强现有员工的能力。另外，他们必须有计划地加大人工智能在业务流程中的应用。

瑞典北欧斯安银行主要面对的就是这些问题。作为一家大型银行，瑞典北欧斯安银行一直在应用一个名为 Amelia（阿米莉亚）的虚拟助理程序。由 IPsoft 公司构建的 Amelia 目前可以直接与瑞典北欧斯安银行的 100 万名客户进行交互。Amelia 后来在该银行的应用程序中更名为 Aida（艾达）。该银行首席战略官拉斯穆斯·雅尔伯格表示，在运行这一程序的前三周里，Aida 与 700 人进行了 4 000 多次对话，并且能够解决大多数问题。该银行将 Aida 用作虚拟 IT 服务代理来协助银行 15 000 名员工的工作，并在内测之后决定让 Aida 直接面向客户服务。[5]

Aida 善于处理自然语言对话。该技术甚至能够监控来电者的语气，并据此提供更好的服务。Aida 具有自适应能力，可以通过监控人类客服代表的行为来学习新的技能。这意味着 Aida 的能力会越来越完善，可以自动完成客户服务部门的新任务和业务流程，工作人员几乎不需要直接进行操作。

瑞典北欧斯安银行是首家使用虚拟助理程序与客户互动的银行，IPsoft 公司已经协助其组建了内部人才库，由专人来对软件进行引导。这些人类工作者负责监督 Aida 的学习情况和业绩表现，并探索新的方法在客户服务中应用这一技术。[6]我们将在第五章更详细地讨论这个类型的人机协作。

通过 Aida 的案例可知，在复杂的大型商业环境中，用自动化的自然语言与客户沟通是可能实现的。随着自然语言技术的改进和界面的完善，Aida 将被进一步应用到各个行业的不同业务功能当中。在第四章，我们将讨论像亚马逊的 Alexa（亚莉克莎）这样的自然语言处理聊天机器人如何能够成为公司的前台新面孔。

智能化合作将重新定义员工角色

人工智能的发展使企业的中台和后台部门变得越来越智能化，该技术已经具备了重新定义整个行业的潜能。例如，在 IT 安全方面，越来越多的安全公司正在利用机器学习算法来构建超智能防御系统，用以对抗恶意软件的入侵。这些系统可以在损害发生前探测到有害病毒和恶意软件，并且可以在黑客入侵整个系统前对漏洞进行预测。在某些情况下，IT 安全流程是一个封闭的自动化循环系统，人们无须进行日常操作，也不必耗时分析潜在威胁或创建新的模拟项来进一步测试和训练机器人。请参阅专栏《机器人对战》。

　　在传统的网络安全做法中，公司会分析现有数据，收集风险信号并以此防范未来风险。这是一个静态的操作过程，无法实现实时调整。相比之下，基于人工智能的方法能够在异常情况出现时加以识别。它们基于网络流量异常行为对模型进行校准并根据模型偏离标准的程度对异常情况进行评定。更重要的是，人工智能的分析方法能够随着每次警报的最终解决而得到完善（由机器或人来完成），从而在系统运行时有效地将每一点改进纳入系统。

机器人对战

　　2016 年，美国国防部高级研究计划局（DARPA）在拉斯韦加斯举办的超级网络挑战赛中，机器人之间展开了一场激烈的争霸战。根据指示，自动化系统要寻找和利用机器人对手的软件安全漏洞，同时保护自己的系统不被入侵。[①]

　　获胜的机器人名为 Mayhem（梅亨），是卡内基 – 梅隆大学一个叫作 ForAllSecure 的团队打造的，其制胜方法是基于博弈论的策略部署。深入来讲，它可以找出自己的安全漏洞，然后进行成本效益分析，看是否应立即对其进行修补（修补漏洞时系统需要暂时脱机）。在不太可能受到攻击的情况下，它会延迟脱机修复，抓紧更多的时间

---

① Cade Metz，"DARPA Goes Full *Tron* with Its Brand Battle of the Hack Bots," *Wired*，July 5，2016，https://www.wired.com/2016/07/_trashed-19/.

进攻其他机器人的系统漏洞。

尽管参与竞争的机器人有些奇怪的动作，似乎还不太成熟，但专家一致认为这些系统的表现令人惊叹。在某些情况下，它们寻找并修复预设漏洞的速度比人类还快。所有这些都可能衍生出一个自动化的黑客世界。在这个世界中，人类扮演着截然不同的角色，例如，训练机器人或确保它们的行为不违反法律或道德界限。

各家安全公司都有自己解决问题的方式。例如，认知安全分析公司 SparkCognition（火花认知）提供了一款名为 Deep Armor 的杀毒软件，该杀毒软件集合了很多人工智能技术，其中包括神经网络、启发式算法、数据科学和自然语言处理，以检测之前没有发现的威胁并删除恶意文件。另一家叫作 Darktrace（暗迹）的网络安全创业公司提供了一种名为 Antigena 的产品，该产品仿照了人体免疫系统，可以识别并消除发现的漏洞问题。[7] 另一家名为 Vectra 的网络安全公司则以网络流量的行为分析作为关键方法。其人工智能软件能够了解恶意网络行为的特征，并且自动采取措施来抵制攻击，或者将危险信号发送给安全专家团队，由他们决定如何应对攻击。[8]

人工智能技术有望让软件机器人承担起沉闷乏味的办公任务，其所创造的工作环境可以给人类工作者带来更大的满意度。这就是我们在前言中描述的人机协作中"缺失的中间地带"。该地带正是公司能够通过投资先进的数字技术获得最大价值的地方，这是自动化价值所不能比拟的。

在本章，我们看到了"五大关键原则"中的领导力部分。一家全球性银行通过使用机器学习算法来重构其检测洗钱的流程，以减少误报的数量，从而使人类专家可以专注于更复杂、更可疑的案例。这种类型的业务流程对良性数据的依赖性很强，许多企业一直在寻求利用多种渠道资源。在以往，维珍铁路公司只能通过公司网站处理投诉，但是现在，该公司已经投资了"五大关键原则"中的数据板块，使其能够应用自然语言处理程序接受来自各种渠道（包括社交媒体）的客户咨询。不过，在应用了这样的程序之后，员工需要调整他们的工作方式，而且公司必须在"五大关键原则"中的技能板块投入资源。例如，在 Gigster，我们看到了人工智能助理如何自动地把正在处理类似问题的程序开发员进行匹配，从而使员工的协作能力得到最优发挥。另外，本章内容还表明，填补缺失的中间地带是一项漫长的工作。例如，公司从 RPA 转向高级人工智能需要一个过程，并且这个转变过程需要反复的实验。瑞典北欧斯安银行对"五大关键原则"中的实验板块给予了适当的关注，并让其 15 万名员工对虚拟助手 Aida 进行了广泛的测试，然后才将该系统面向 100 万名客户发布。最后，我们了解了"五大关键原则"中思维模式的重要性，因为我们从人工智能在 IT 安全领域的应用中看到了其改变整个行业的潜力。自动化系统有助于发现恶意软件和识别漏洞,并在系统遭到破坏之前解决这些问题。

在第三章,我们将看到缺失的中间地带如何延伸到研发过程当中。与工厂和办公场所一样,颇有卓见的公司已经通过人机互补的智能化协作获得了回报。

人工智能技术和应用程序的结合

以下是你需要了解的人工智能技术术语汇总。这些技术与图 2–1 中的机器学习、人工智能的功能和人工智能的应用相对应。[①]

机器学习

机器学习:该计算机科学领域所包含的算法可以在数据基础上进行学习和预测,且无须明确编程。该领域源于 IBM 工程师阿瑟·塞缪尔的研究,他在 1959 年创造了"机器学习"这个术语,并在他开发的游戏程序中应用了机器学习算法。由于用于训练这些算法的可用数据呈爆炸式增长,如今机器学习已经被广泛应用于各个领域,比如基于视觉的研究、欺诈检测、价格预测、自然语言处理等。

监督学习:它是机器学习的一种模式,其算法通过预先分类和

① Accenture Research; Jerry Kaplan, *Artificial Intelligence: What Everyone Needs to Know* (New York, Oxford University Press: 2016); and Wikipedia, s.v. "Artificial intelligence," https://en.wikipedia.org/wiki/Artificial_intelligence.

排列的数据（在该领域内被称为"标记数据"）加以呈现，并由"示例输入"和"期望输出"组成。该算法的目标是学习输入与输出相互关联的一般规则，并通过这些规则单独利用输入数据来预测未来事件。

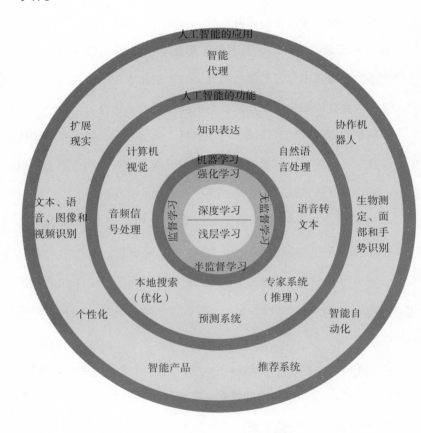

图 2-1　人工智能技术和业务应用程序汇总

无监督学习：不给学习算法添加标签，让算法自行寻找输入信息的结构和模式。无监督学习本身可以作为一个目标（发现数据中的隐藏模式），或是一种达到目的的手段（提取数据特征）。无监督学习不像监督学习那样注重输出信息，而是更侧重于探测输入数据和从未被标记的数据，并从中推断出隐藏结构。

半监督学习：使用标记数据和未标记数据进行训练——通常未标记数据的数量多于标记数据的数量。许多机器学习研究人员已经发现，这两种数据的组合可以大大提高机器学习的准确性。

强化学习：一种给算法赋予特定目标（例如操作机器人手臂或玩围棋游戏）的训练方式。算法在朝向目标过程中的每个动作都会受到奖励或惩罚。这些反馈让算法得以建立最有效的目标路径。

神经网络：一种机器学习方式，其算法可从观测数据当中学习，并以类似于生物神经系统的运作方式处理信息。康奈尔大学的实验心理学家弗兰克·罗森布拉特于 1957 年发明了一个叫作感知机（Perceptron）的神经网络模型——一个简单的单层架构（也称为浅层神经网络）。

深度学习：包括深度神经网络、递归神经网络和前馈神经网络。一套用来训练多层神经网络的技术。在深度神经网络中，"遥感"数据经过多层处理，前一层的输出数据都是后一层的输入数据。递归神经网络允许数据在各层之间来回流动。与之相反，前馈神经网络中的数据只能单向流动。

人工智能的功能

预测系统：预测系统可用于寻找变量与历史数据集及其结果之间的关系。这些关系被用来开发模型，而模型又被用来预测未来的结果。

本地搜索（优化）：一种利用可能性方案的列阵来解决问题的数学方法。该算法从列阵中的一个点开始寻找最佳解决方案，并可以迭代地、系统地移动到相邻解决方案，直到找到最佳解决方案。

知识表达：该人工智能领域致力于以计算机系统来表达有关世界的信息，其表达形式可被计算机用以执行复杂的任务，例如诊断疾病或与人进行对话。

专家系统（推理）：该系统可以在规则引擎的指示下利用特定领域的知识（医学、化学、法律）。随着更多知识的加入或者规则的更新与改进，系统也会更加完善。

计算机视觉：该领域专注于教计算机对图像和视频内容进行识别、分类与理解，以模仿和扩展人类视觉系统的功能。

音频信号处理：一种用于分析音频和其他数字信号的机器学习系统（特别是在高噪声环境中）。该应用程序包括计算语音、音频和视听处理过程。

语音转文本：将各种语言的音频信号转换为文本信号的神经网

络。该应用程序包括翻译、语音命令和控制、音频转录等。

自然语言处理：计算机处理人类（自然）语言的领域。该应用程序包括语音识别、机器翻译和情感分析。

人工智能的应用

智能代理：智能代理可以通过自然语言与人类互动，增强工作人员在客户服务、人力资源、培训和其他业务领域中处理 FAQ（常见问题）的能力。

协作机器人：运行速度较缓并配备了传感器的机器人，可与人类工作者进行安全协作。

生物测定、面部和手势识别：通过生物特征（压力、活动等）来识别人、姿势或趋势，可用于自然人机协作或识别验证。

智能自动化：将一部分人类工作转移给机器完成，这从根本上改变了传统的操作方式。通过机器的特殊优势与能力（速度、规模和处理复杂任务的能力），这些工具可以补充人类工作，扩大可能性。

推荐系统：根据人工智能算法检测到的微妙模式提出建议，可以针对目标消费者推荐新的产品，或在内部加以应用来提供策略性建议。

智能产品：产品采用智能设计，以不断满足和预测客户的需求与偏好。

个性化：针对客户和员工来分析趋势和模式，为个人用户或客户提供优化工具与产品。

　　文本、语音、图像和视频识别：分析文本、语音、图像和视频数据，创建关联，用以分析活动并启用关于交互和视觉的更高级别的应用程序。

　　扩展现实：将人工智能的功能与虚拟现实、增强现实和混合现实技术相结合，从而为培训、维护等活动增添智能体验。

第三章　研发和创新领域的人工智能
——节省产品研发时间与成本的"加速器"

产品研发的传统流程正在发生变革

　　汽车制造商特斯拉已经在多个方面取得了突破。该公司显然以其时髦（且价格不菲）的汽车外观而闻名，其中包括特斯拉敞篷车——第一款电动跑车。其产品不仅受到客户青睐，而且吸引了不少投资者的目光。2017 年春，特斯拉的市值超过了 500 亿美元，逐渐逼近通用汽车公司的市值。[1]但是引人关注的不仅是该公司时髦的电动汽车和飙升的股票价格，还有其在研究和开发产品的过程中应用的智能程序。

　　2016 年，特斯拉宣布将为每辆新车配备自动驾驶所需的一切硬件，其中包括一批传感器和一台运行神经网络的车载计算机。[2]有人认为特斯拉不会全面部署自动驾驶的人工智能软件。事实证明，特斯拉将对驾驶员和汽车电脑软件的模拟驾驶程序进行对比测试。当后台程序的模拟操作能够保持稳定，并且比驾驶员的操作更加安全时，自动软件就会步入黄金时代。到那时，特斯拉将会通过远程软件更新来发布这一程序。这意味着特斯拉需要召集车手来训练车队如何驾驶。

特斯拉正在分布式测试台中对其人工智能平台进行训练，训练过程中利用了来自特斯拉车手实驾操作的最优数据。在这种情况下，人的驾驶技巧对系统的训练起着至关重要的作用。人工智能帮助特斯拉对基本的研发流程进行了重构，并在此过程中加速了系统的开发。特斯拉对于研发过程的重新思考使其成为自动驾驶汽车的领航者。

特斯拉不是唯一一家利用人工智能来重塑研发过程并以创新的方式利用人机协作的公司。本章将探讨人工智能如何为企业的内部实验提供支持，以及如何促进业务流程重构，尤其是那些涉及客户、医疗患者和其他提供有用数据的业务流程。

你将看到人工智能如何促进制药和生命科学行业的研发，如何增强研究人员的直觉与检测理论的能力，以及如何加快产品的设计周期。由于可以利用的客户和患者数据十分庞大，研发产品和服务的传统流程正在发生变革。大众市场曾经是公司的主要驱动力，而如今客制化服务则显得越发重要，并且在经济上变得可行。

给投资者打造观察下一级的平台

首先，我们需要退一步了解一些基本原则。科学方法可能是世界上最受认可、应用最广的验证科学知识的流程。几个世纪以来，它被定义为一系列离散的、可重复的步骤。最初的步骤是提出问题并进行观察，然后设计各种假设。在此之后，设计一个实验来测试基于假设的预测。然后，进行测试并收集数据。最后，提出一般理论。作为一个流程，科学方法具有周期性。所有的数据和一般理论都会引发进一步的观测与研究，从而推动科学不断向前发展。

由于科学方法的步骤非常明确，因此人工智能可以对这一过程进行重构。虽然到目前为止，科研机构和企业尚未从根本上改变科学方法的流程，但一些科研机构已成功地压缩或扩展了某些科学步骤。接下来，本章将研究人工智能在科学流程的每个阶段中引发的变动——考虑到哪些工作最适合人类来完成，哪些工作最适合机器来完成，以及人机如何协同工作。

美国著名科普作家艾萨克·阿西莫夫认为，"当研究中预示着新的科学发现时，最激动人心的一句话不是'找到了！'，而是'这很有趣……'"。[3] 科学方法的观察阶段充满了曲折，但是当科学家对最新研究进行深入探索，偶然发现一个化学反应，或者与同事偶然谈到一个新的研究问题时，科学的路径往往会转向意想不到的方向。

不过请想想看，现代科学观察是多么具有挑战性，已经有很多研究结论需要考虑，并且有太多的数据需要分类。渥太华大学 2009 年的研究指出，自 1665 年以来，全球发表的科学论文总数已超过 5 000万份，并且在以每年 250 多万份的数量递增。[4] 这还只是论文，另外那些林林总总的原始数据（结构化数据、非结构化数据、编目数据、清洗数据、经过筛选和分析的数据）该怎么处理？我们的数字生活每天都会产生数量惊人的数据。我们怎样观察这些数据？我们怎样才能发现那些看似"有趣"或值得进一步探索的内容呢？请参阅专栏《从失败中学习》。

尽管人类研究人员非常善于提出创新性的见解，但机器在数据组织和数据呈现方面显然做得更好，特别是面对庞大的数据量时更是如此。一家名为 Quid 的数据可视化公司正在使用人工智能来重构研究流程中的"搜索和寻找"部分。Quid 的平台利用自然语言处理程序来操作大量的文本数据（从专利到新闻报道），使这些数据变得直观化，并将文本按照不同思路分门别类。该公司的界面——可以在触摸屏上得到最佳体验——展现了概念、机群、相似性以及思路之间的强弱联系。

Bloomberg Beta（彭博旗下的创投基金）的投资者希凡·泽莉斯在她的多项工作中都使用了 Quid 的数据可视化工具。泽莉斯有时会花一整天的时间为下一个新兴技术趋势或采购交易撰写题文，或对其投资公司的发展提供指导。如果没有 Quid 这样的工具，泽莉斯就不得不依靠大量而杂乱的信息来进行她的研究——例如在谷歌中搜索各种术语，或者通过有限的资源读取新闻。但是在 Quid 的协助下，泽莉斯可以通过分析一整套的新闻资源，直观地看出趋势，发现技术之间的关联，而如果没有 Quid 的帮助，这种关联就会被隐藏起来。此外，泽莉斯敏锐的研究直觉得以进一步增强。她在缩放可视化的思路网络时，可以提出更多的问题并对一些异常线索进行追踪。Quid 给投资者最本质的东西是一个可以进行下一级观察的平台，通过观察更快地提出更细微、更深刻的问题，打开一扇意想不到的大门，进而深入研究，生成更加精巧的假设。[5]

从失败中学习

在美国宾夕法尼亚州的哈弗福德学院，化学研究人员利用机器学习算法从失败和成功的实验数据中提炼思路。具体而言，研究人员会翻阅近 10 年来的实验室记录，上面记载着近 4 000 种生成晶体的化学反应，其中包括曾经尝试但没有成功的"暗"反应。一旦数据被分类——每个化学反应涵盖近 300 个物质属性的改变——机器学习算法就可以尝试在晶体生长的条件之间建立联系。

该算法能够预测出 89% 的生成晶体的化学反应，而人类研究员（仅凭直觉和经验）只能预测出其中的 78%。更重要的是，该算法使用了决策树模型，该模型可以针对每一个连续行为生成分支流程图，使得研究人员可以对决策的逻辑进行检查。有了这种透明度，研究人员可以使用这个实验来提出新的假设。[1]

在几个月内完成数年的研究成果

科学家们经过观察给出假设。假设实质上就是针对某种现象提出的可测试的解释。当假设可以自动生成时，这会对科学研究过程产生何种影响？美国精准医疗公司 GNS Healthcare 正在探索这种可能性。其强大的机器学习和仿真软件，以及其开发的 REFS（reverse engineering & forward simulation，逆向工程和正向模拟）系统可以直接从数据中推导出假设，从而在患者的医疗健康记录中找出关联。有一次，该公司仅用了不到三个月的时间就重现了一项为期两年的有关药物相互作用的研究结果。

该研究通过老年人使用的联邦医疗保险来调查老年人合并用药的不良反应。如果没有标准的解决方案，合并用药的不良反应将会导致很大的问题：美国食品药品监督管理局如果不对药物组合进行试验，就没有简单的方法可以看出哪些药物合用时会产生危险。在以往，研究人员可能会依靠科学直觉注意到通过类似酶途径起作用的药物可

---

[1] Paul Raccuglia et al., "Machine-Learning-Assisted Materials Discovery Using Failed Experiments," *Nature*, May 4, 2016, 73-76.

能会与其他有类似作用方式的药物发生不良反应。接下来，研究人员也许会提出一个假设——例如，药物 A 加药物 B 会导致不良事件 C——下一步自然是对这个假设进行测试。通过这种方法，研究人员可以发现两种常见的老年人药物之间存在不良反应，但是这项研究需要两年的时间才能完成，并且只能证实两种药物之间存在相互作用这一个假设。

在 REFS 系统的测试中，GNS Healthcare 评估了来自约 20 万名患者和市场上各种药物的匿名数据。GNS Healthcare 的董事长、联合创始人兼首席执行官科林·希尔表示数据本身已被加密。"我们不知道这些药物是什么，因此我们没法作弊。"[6] 机器学习平台对大约 45×10^5 个假设进行了筛选，仅仅用了三个月就得出了最有可能导致不良反应的药物组合。

希尔说，他的团队成员不确定他们得出的结果是否正确，就把结果交给了负责调查药物相互作用的研究人员。事实证明，REFS 系统的确发现了曾经历时两年证实的药物间的相互作用。另外，它还发现了一种患者们曾经提到，但是没经过正式研究的药物的相互作用。研究人员可以利用 REFS 系统分析一年前针对这些药物的观察数据和一年后的相互作用记录，以此发现那些隐藏起来的因果关系。"我第一次知道那些机器发现了新的医学知识，"希尔说，"它们从数据中直接得出结论，这个过程没有人的参与。"[7]

GNS Healthcare 正在证明，当人工智能进入科学方法的假设阶段时，我们有可能找到之前研究中隐藏的相关性和因果关系。此外，使用该技术可以大大节约成本。在最近的一次成功案例中，REFS 系统能够对 PCSK9（前蛋白转化酶枯草溶菌素）实施还原工程——无须用到假设或预先存在的假说。研究人员花费了 70 年的时间并在数十年中耗费了几十亿美元才发现了 PCSK9。但利用相同的起始数据，GNS Healthcare 的机器学习模型能够在不到 10 个月的时间内以不到 100 万美元的价格重现所有已知的 LDL（低密度脂蛋白）生物学。

爆发的设计空间

在提出假设之后就进入了科学测试阶段。对许多公司来说，这个阶段与产品的设计密切相关。这时，公司可以利用人工智能和大数据来生成无数的可选方案，然后缩小实验范围来选择最佳方案。一个反复重现的情景是：人工智能可帮助企业重新聚焦资源，最重要的是将其人力资源重新集中到具有更高价值的活动中。

耐克公司最近开始利用人工智能来研究如何为短跑运动员制造出更好的钉鞋。它们想制造出一款硬度较高的钉鞋，因为这种鞋有助于短跑运动员获得触发力，但增加硬度的最常见的方式是使用较重的材料。而较重的材料又会拖累短跑运动员。这成了耐克的一大难题。

在公司的算法设计软件的帮助下，耐克的设计师针对鞋子的硬度和轻量性进行了优化，从头开始设计一款新鞋。人类设计师可能会从现有的鞋子开始迭代，直到他们发现令人满意的设计，但远非最佳设计。最后，该公司通过 3D 打印技术打印出各种设计原型并对其进行测试，然后重复这个过程，直到找出最优设计，最终制造出了一款可以为短跑运动员缩短 1/10 秒时间的鞋子，而这 1/10 秒可能就是第一名和第四名之间的差距。耐克公司快速设计出鞋子原型的方法就是人工智能改变下一段科学进程的方式。智能算法正在压缩测试所需的时间。[8] 有关产品设计中人工智能的其他示例，请参阅专栏《产品和服务设计中的人工智能》。

许多研究人员发现，他们最不喜欢的工作是操作实验和收集数据。而研发过程的其他部分，像发现和提问，最能使他们获得满足感。如果他们知道人工智能对实验测试有多大的帮助，他们就会有一种解脱感了。这里我们可以看到另一个反复重现的情景：人工智能可以解决烦冗的问题，能够让从业人员绕过苦差事，把更多的时间用于构思新的实验，或者提出意想不到的问题。其商业利益也是显而易见的：更快地将更多优质的产品推向市场。

尽管今天的实验环境看起来基本上类似于几十年前的实验室——笼子里的老鼠、孵化器中的培养皿、滴定系统等——很多科学领域正在向更加全面的方向发展。也就是说，研究人员可以在电脑里模拟实验操作。在第一章，我们介绍了通用电气公司的 Predix，它能利用工厂机器的数字化文本进行虚拟实验。但实际上，你不需要用 Predix 来创建流程模型并运行测试，你只需要深入了解一下流程步骤以及可用于开发模型的纯净数据即可。

产品和服务设计中的人工智能

互联网——连同其收集的所有客户数据以及其所促进的沟通——一直推动着公司改进产品和服务的阶段性转变。人工智能现在可以更快速地分析出客户偏好，从而实现了个性化和可定制化的体验。

• 英国的 IntelligentX 酿酒公司称其产品为人工智能酿造的第一款啤酒。该公司通过 Facebook Messenger（脸谱网的桌面窗口聊天客户端）收集客户反馈并将其转化为相应的变更配方，逐渐地影响着啤酒的酿造成分。[1]

• 联想公司使用文本挖掘工具来倾听全球范围内的客户反馈，通过讨论客户提出的问题得出见解，进而对产品和服务做出改进。[2]

---

[1] Billy Steele，"AI Is Being Used to Brew Beer in the UK," *Engadget*，July 7，2016，https://www.engadget.com/2016/07/07/intelligentx-brewing-beer-with-ai/.

[2] Rebecca Merrett，"How Lenovo Uses Text Analytics for Product Quality and Design," *CIO*，September 2，2015，https://www.cio.com.au/article/583657/how-lenovo-uses-text-analytics-product-quality-design/.

• 拉斯韦加斯金沙集团利用人工智能模拟赌场内赌博站点的不同布局来优化财务业绩。通过监控不同的布局如何影响利润，公司可以持续获得相关信息，为未来的整修工作提供参考。[1]

从金融服务、保险产品到啤酒酿造和剃须膏化学品，这一切都可以用数字计算的方法进行描述，而数字化的信息又可以得到优化处理。一般来说，优化算法一直局限于学术界或仅由专家使用。但一家致力于为其他行业提供数据分析优化平台的初创公司 SigOpt 意识到，机器学习可以将任何数字模型变成一个容易解决的优化问题，本质上是在将这一强大的计算工具面向大众普及。

"没人愿意为了使用这些技术而成为一个贝叶斯优化[2]方面的专家。"SigOpt 首席执行官斯科特·克拉克这样说。该公司的目标是让学科专家不必为了寻找最佳方案而花费时间调整数字系统，从而能够进行更多的实验。

"在实验室工作台上调配东西的化学家可以打开他们的笔记本电脑，或者在他们的手机上安装 SigOpt 的界面。"克拉克解释说。该软

[1]　Ed Burns, "Analytical Technologies Are Game Changer for Casino Company," *SearchBusinessAnalytics*, October 2014, http://searchbusinessanalytics.techtarget.com/feature/Analytical-technologies-are-game-changer-for-casino-company.

[2]　贝叶斯优化指的是在不知道函数方程的情况下根据已有的采样点预估函数最大值的一个算法。——编者注

件会提醒化学家："这是下一个试验。"或者会对某个特别成功的实验进行标记。"它会尽可能地给出简单的指导，因此用户不需要对系统有任何内在的了解，"克拉克说，"他们只需要等待最佳结果就可以了。"[9]换句话说，科学家的主要任务之一就是测试思路，并通过优化平台 SigOpt 得以增强。

个性化交付：从理论到实践

完成测试后，科学家们会给出他们的一般理论，然后从观察步骤开始，重复整个过程。在商业领域中，产品经过测试和优化之后，下一步就是市场营销和产品交付。

许多趋势——其中包括可用的客户数据越来越多——将产品定制和交付引向了一个新的水平。正如我们在第一章所看到的，人工智能使汽车等个性化消费品的制造更为经济。从第二章开始，我们看到人工智能如何将例行的后台交互转变为更加个性化的服务，从而改善了客户体验。人工智能还在研发部门发挥作用，负责监控大众定制趋势的变动。关于在个性化和隐私之间取得平衡的简要讨论，请参阅专栏《负责任的人工智能：道德是科学发现的前提》。

负责任的人工智能：道德是科学发现的前提

大部分研究都以人作为受试者。为了保护这些人，很多组织已经建立了机构审查委员会，该委员会负责批准、监督和审查针对人类进行的研究项目。虽然美国大学中所有的研究项目都要遵守机构审查委员会制定的规则，商业领域却不受这一限制。不过包括 Facebook（脸谱网）在内的一些公司已经自行制定了关于其研究伦理委员会的一套规则。① 这些规则借用了机构审查委员会的协议中的一般规则，但它们在透明度和会员吸纳方面存在一定差异。

不过让这一切更加棘手的是，除制药行业之外，其他行业都没有标准协议来规定哪种新技术产品属于人类研究或公司在测试和开发产品时究竟应当采用何种流程。显然，技术应用领域通常存在各种各样的道德灰色地带，人工智能领域尤为如此。在一次实验中，Facebook 操纵了人们在前端上看到的内容（增加积极或消极帖子的数量），以此观察这一情况将如何影响他们的情绪。该行为引发了广泛的道德关注，并促使《福布斯》专栏作家提出质问："这么说 Facebook 可以通过和我们玩心理游戏来获得科学知识吗？"②

在第二部分，我们探讨的是在研发和其他领域使用人工智能的相

---

① Mike Orcutt, "Facebook's Rules for Experimenting on You," *MIT Technology Review*, June 15, 2016, https://www.technologyreview.com/s/601696/facebooks-rules-for-experimenting-on-you/.

② Kashmir Hill, "Facebook Manipulated 689, 003 Users'Emotions for Science," *Forbes*, June 28, 2014, https://www.forbes.com/sites/kashmirhill/2014/06/28/facebook-manipulated-689003-users-emotions-for-science/.

关伦理问题。我们将在第五章看到一些公司如何增加新的工作职位，例如道德合规经理，该职位的负责人将成为公司正式的监督人员和监察专员，以确保组织遵循公认的人类价值观和道德标准。

以保健行业为例，人工智能正在开启基于基因测试的"个性化医疗"时代。在过去，手动分析和管理每个患者的所有可能性治疗组合方案几乎是件不可能完成的事情。而如今，智能系统正在接管这项工作。几十年后（或者提前），医生给大批患者应用同一治疗方案的行为将成为很荒谬的事情，每个人的治疗方案都将是个性化的。

根据这些思路，GNS Healthcare 公司一直在大量的数据中寻找特定药物和非药物干预措施以适应个体患者的情况。根据希尔的说法，通过更好地将药物与不同的个体进行匹配，公司可以改善治疗结果，降低成本，并节省下数千亿美元。目前虽然有大量关于患者个体基因组的数据和对各种化合物的反应数据可以利用，但一刀切的治疗方法根本没有意义。个性化治疗方案可以解决临床试验中的一个特别关键的问题：由于患者和药物之间有某种程度的不匹配而导致失败的治疗案例超过 80%。[10]

用智能系统做研发，揪出隐藏风险

人工智能在不同研发阶段（观察、假设生成、实验设计等）的应用在各个层面和各个领域都取得了显著的成果。过去要花 10 年才能完成的研究过程，如今可以在几个月内复制出来，并且无须任何指导，从而节省了大量的时间和成本。这引发了我们对企业如何管理研发活动的重新思考。

在过去，许多公司内部的大多数研发项目都不能取得成功，这意味着那些公司每年要损失数千万美元。其结果是，公司通常会规避风险，不太可能投资不保险的研究项目。但是，如果将人工智能添加到研发渠道当中，就可以加速某些项目的研发过程并提高其他项目的成功率。这样就可以节省出更多的资金用于风险更高的（并且可能是最赚钱或最具开创性的）研究计划。

制药行业就是一个例子。一般来说，药物研发工作都由药物化学家来完成，他们善于研究药物问题和寻找匹配分子。"遗憾的是，他们只能对 1% 的想法进行测试，"Numerate 公司（一家人工智能药物设计公司）的首席技术官兼共同创始人布兰登·奥尔古德解释道，"他们需要通过分流系统筛选他们认为可以尝试的想法，很多筛选过程具有主观性，而且很多都是基于经验法则。"[11]

Numerate 公司应用机器学习技术来识别最有可能医治某种特定疾病的化合物。研究人员利用该技术在 6 个月内开发出了一种更有效的抗艾滋病病毒药物，而目前使用的抗艾滋病病毒药物的研发则耗费了 10 年的时间和 2 000 万美元。"我们的机器学习技术使研究人员可

以对好的想法进行编码，帮助他们在 10 亿个分子中进行搜索，并且
锁定其中的一两百个，"奥尔古德说，"他们可以通过机器学习技术探
索许多他们甚至难以接受的想法——我称之为'怪异'想法——并且
现在能够对这些想法进行测试，因为机器学习技术使他们变得更具有
创造性，而且能够更广泛地思考和尝试不同的想法。"[12] 关于在保健
研发中使用的人工智能的其他示例，请参阅专栏《医疗保健中的人工
智能》。

医疗保健中的人工智能

在医疗保健行业，人工智能使科学家和医生得以专注于更高价值
的工作，以改善患者的生活。

• 生物科技公司 Berg Health（伯格健康）依靠人工智能来分析患
者数据并创建一个"分子图谱"，该图谱确定了胰腺癌患者对二期治
疗呈现积极反应的可能性。[①]

• 美国辛辛那提儿童医院的研究人员正在使用机器学习技术来更
好地预测临床试验中的患者参与响应度。目前的参与率约为 60%，但

---

① Meghana Keshavan，"Berg: Using Artificial Intelligence for Drug Discovery,"
MedCity News，July 21，2015，https://medcitynews.com/2015/07/berg-artificial-
intelligence/.

他们希望使用人工智能将其提升到 72%。①

· 强生公司正在训练 IBM 的"沃森"程序，训练目标是使其能够对科学文献进行快速阅读与分析，以节省科学家在药物开发过程中耗费的时间。②

　　在研发过程的每一个步骤，人工智能都在显著地提升研究人员和产品开发人员的能力。人工智能正在改变人们构思实验的方式，使人们能够去探索之前可能因为耗时耗资而走不通的道路。在本章，我们看到了像特斯拉这样的公司如何利用人工智能来重构其开发和测试新一代无人驾驶车辆的流程——"五大关键原则"中的实验部分。人工智能还使研究人员能够挖掘过去的测试数据，从中发现新的见解并进行虚拟实验，并且更快速地对某一假设进行测试。然而，所有这些都需要员工的技能有一个转变，即"五大关键原则"中的技能部分。例如，当产品开发人员可以运行数字模拟程序来测试一项新的设计时，他们就能够节省下时间和成本，并且得以摆脱建造物理原型的枯燥工作，从而可以构思出更多的创新产品。人工智能的出现使制药行业在

① "Scientists Teaching Machines to Make Clinical Trials More Successful," Cincinnati Children's press release, April 27, 2016, https://www.cincinnatichildrens.org/news/release/2016/clinical-trials-recruitment-4-27-2016.

② "IBM Watson Ushers in a New Era of Data-Driven Discoveries," IBM press release, August 28, 2014, https://www-03.ibm.com/press/us/en/pressrelease/44697.wss.

思维模式上显现出了本质变化，人们开始追寻那些看上去似乎缺乏前景，却有可能带来突破性进展的想法。然而，随着越来越多的公司应用人工智能工具来重构它们的研发过程，领导者（"五大关键原则"中的领导力部分）需要时刻注意，留心其中所牵涉的道德问题，尤其是涉及人类受试者的时候。

　　下一章我们将从研发领域转到市场营销。随着苹果公司的 Siri（希瑞）和亚马逊的 Alexa 等机器学习技术逐渐成为这些公司知名品牌的数字化体现，我们会发现人工智能在市场营销领域有着同样巨大（甚至更大）的影响力。

第四章　市场中的人工智能
——提升客户体验的"法宝"

客户服务、企业品牌、前台人工智能的三角关系

饮料巨头可口可乐公司运营着多达 1 600 万个冷藏柜，用以冷藏其在全球零售店销售的软饮料。[1] 这批规模庞大的冷藏柜需要数千名员工进行实地管理，并现场盘点产品。最近，该公司正在试行一个利用人工智能来管理冷藏柜的概念验证项目。客户关系管理软件服务供应商 Salesforce 为其部署了一种名为 Einstein（爱因斯坦）的新型人工智能程序。该程序应用了计算机视觉、深度学习和自然语言处理技术。

可口可乐零售商在试用了 Einstein 这个程序之后，现场的员工

只需要用手机拍一张冷藏柜的照片，Einstein 的图像识别服务就可以根据照片分析、识别并计算出冷藏柜中有多少瓶可口可乐。然后，Einstein 会利用客户关系管理数据和其他信息（包括天气预报、促销活动、库存水平和历史数据）来预测和建议如何发放补货订单，以应对季节性波动和各种其他因素。计数和补货订单的自动化可以减少员工的文书工作和节省时间，而且系统新增的智能功能有望改善销售情况并提升客户满意度。

像 Einstein 这种前台人工智能可以帮助可口可乐等公司改善每一次关键的客户互动体验和结果，这种互动涵盖三个重要部门：销售、营销和客户服务。在这些领域中，人工智能既可以自动完成原本由人类员工执行的任务，又可以增强人类员工自身的能力。例如，我们已经看到，像亚马逊的 Alexa 这样的人工智能代理，以及其他实现客户互动自动化的系统使工作人员得以处理更加复杂的任务，企业也因此可以将员工转移到更需要人员技能的岗位。

这种转变也极大地影响着客户如何与企业和品牌进行互动。很多情况下，它可以节省客户的时间和精力，并且有助于为客户提供可定制的体验和产品——减少了不必要的广告费用——这是零售业的大势所趋。再以数字借贷（使用人工智能分析大量不同的数据库）为例，那些有可能被传统信用检查拦截在外的客户转眼间可以更容易地获得信贷和贷款了。

最后，这些变化必然会影响客户和品牌与产品的关系。由于消费品可以生成更多关于其性能的数据并将这些数据反馈给制造商，因此公司开始从不同的角度对产品支持和产品本身进行思考。例如，飞利浦智能照明利用人工智能来预测灯泡何时会失去效能，这与公司的回收和更换服务关系密切。简而言之，传感器数据和人工智能如今使该公司可以出售"灯光服务"，而不仅仅只是灯泡。[2]

这当然令人兴奋。但是当人工智能进驻到前台时，新的实践问题也随之出现。人工智能和人类协作的新模式将如何改变公司交付产品和服务的方式，以及这种人机协作将如何影响未来的工作模式？像Alexa这样的新用户界面将如何改变公司品牌与客户之间的关系？什么样的设计可以创造或破坏具有自然语言能力的机器人？当商标和吉祥物（传统的品牌大使）被赋予智能后会出现什么情况？这些都是本章的核心问题。

具有顾客服务意识的人机协作店铺

在回答这些问题之前，让我们先看看零售业的例子。可口可乐公司一直在尝试使用人工智能来实现产品订购流程的自动化，而其他公司则更加注重通过增强基层销售人员的工作能力来改善客户体验。以全球时装公司 Ralph Lauren（拉尔夫·劳伦）为例，该公司曾与位于旧金山的初创公司 Oak Labs（橡木实验室）合作，开发了一项能够完善客户购物体验的技术。[3] 作为该技术的关键部分，相连的每个试衣间都配备了一面智能穿衣镜，可以通过射频识别技术来自动识别购物者带进试衣间的衣物。

这面智能穿衣镜可以翻译 6 种语言，并能够在识别衣物后显示出该衣物的详细信息。它还可以改变照明（明亮的自然光线、日落、聚会场景等），使购物者能够在变换的场景中观察衣物的效果。镜子还可以显示出这件衣物还有哪些可供选择的颜色或尺寸，并由销售人员送到试衣间里。最后一项功能属于个性化的客户服务，这是那些需要兼顾很多顾客的销售顾问通常无法提供的服务。

当然，智能镜子也会收集客户的相关数据——在试衣间停留的时长、转换率（购买的商品与试用的商品之比）以及其他信息——随后店铺可以对这些数据进行综合分析以获得有价值的判断。例如，如果顾客频繁地将某件衣服带进试衣间，但在试穿后很少购买，那么这就提醒店铺需要更改今后的采购计划。更进一步来看，这种客户数据和其他信息（如客户流动信息）有助于店长思考如何以新的方式设计店铺。我们可以想象，如果能通过设计软件运行各种客户数据模型，优化店铺布局，实现更高的客户满意度，获得更多回头客或提升某件商品的销量，那么这将是怎样一种体验！

零售商还可以利用人工智能来解决人员配置等运营问题。日本一家全球服装零售商一直致力于优化自己的销售团队。服装店或鞋店的销售人员都能够起到关键作用：报告指出，大约 70% 的受访客户都希望得到店内人员的推荐。[4] 因此，为了更好地进行人员配置，该零售商决定应用人工智能公司 Percolata（贝森科技）推出的智能系统。

该系统累计耗时 15 分钟就为店铺制订出了最优方案，并针对销售人员的组合方式适时给出了最有效的建议。这种自动化的人员分配方式可以避免管理者在用人过程中存在"喜好"偏见，而让一些不能为销售团队的整体业绩做出贡献的人参与进来。这家日本零售商在美国开设的 20 家店铺都采用了这一系统，并由此发现店铺中 53% 的时间里都人员过剩，而在 33% 的时间里人手不足。通过采纳该系统的建议，这家零售商的销售额从 10% 提升到了 30%。[5] 此外，该系统每天可以为管理者节省约三个小时的时间，把他们从焦头烂额的安排与计划中解放出来，并使销售人员的工作时间变得更加灵活。

来自欧洲的一家创新公司正在以其他方式推动零售行业的发展。意大利个体模特制造商 Almax（阿玛克斯）已经开发出一种自带计算机视觉和面部识别功能的人体模特。[6] 其人工智能系统可以识别顾客的性别、年龄和种族，并根据这些数据有针对性的布置展柜。贝纳通（benetton）等精品商店和时尚品牌都配备了高科技人体模特，以便更多地了解它们的客户。例如，一家零售店了解到，在促销活动的前几天里，男性消费者的花费往往高于女性消费者，从而提醒企业相应地对橱窗商品进行变更。另据报道，有一家商店发现中国人在下午 4 点以后会集中在某个入口消费，并占到客流量的 1/3，因此商店会在这个时段安排会说普通话的员工在那里招待顾客。

将来，零售商可以使用人工智能技术来为客户提供个性化的服务，通过人体模特或一面镜子帮你了解你的购买历史，并协助店员推荐你可能喜欢的衣服。这样的进展是前言中描述的人机协作与增强人类能力的典型示例，因为人工智能技术在做它们最擅长的事情（筛选和处理大量数据以提出行动建议），人类也在做他们最擅长的事情（通过判断力和社交技能来帮助顾客购买更符合需求的商品）。而且，随着人工智能系统变得越来越先进，它们将来可以通过分析顾客的面部表情和语调来确定顾客的情绪状态，然后以适当的方式做出反应。我们将在第五章看到，一些先进的人工智能程序已经被训练得非常具有感染力了。关于零售商如何利用人工智能改善客户的在线和门店购物体验的其他例子，请参阅专栏《零售业中的人工智能》。

然而，在科技持续推动零售业发展的同时，还有可能产生一些隐私和道德问题。例如，Almax 一直在着力增强人体模特的听觉能力，于是有人担心客户在评论服装时可能会遭到窃听。在第五章，我们将讨论应用这种尖端技术的公司如何利用人类员工来评估和解决可能出现的各种道德问题。

人工智能不仅能够引导零售店中的销售人员，而且可以随时随地增强他们与客户互动的能力。例如，通过数字助理自动给客户发送言辞恰当的电子邮件或者智能而快速地组织销售数据。人工智能正在帮助销售团队节省时间。更重要的是，数字化的销售和市场营销方式已经失去了吸引客户前来消费的人性亲和力，而人工智能为销售人员和营销人员节省了时间并提供了洞见，从而使他们能够绕过大量的数字信息，变得更加人性化。

零售业中的人工智能

近年来的研究具有一些误导性，以至人们一度担忧实体店会随着网络零售业的繁荣而消亡。如今在人工智能的协助下，网店和实体店这两个销售渠道都可以更好地为顾客提供个性化的购物体验。

• 美国劳氏公司（Lowe's）的物理机器人"Lowebot"在旧金山地区的 11 个零售商店中发挥着作用，它们可以回答顾客的问题并查验货架上的商品库存量。[1]

• H ＆ M（海恩斯莫里斯）与与流行的聊天软件 Kik 的开发商合作开发了一种机器人插件，该插件可以基于简短的问卷给出用户服装搭配建议，并逐渐了解用户的风格偏好。[2]

[1] Harriet Taylor, "Lowe's Introduces LoweBot, a New Autonomous In-StoreRobot," *CNBC*, August 30, 2016, https://www.cnbc.com/2016/08/30/lowes-introduces-lowebot-a-new-autonomous-in-store-robot.html.

[2] "H&M, Kik App Review," *TopBot*, https://www.topbots.com/project/hm-kik-bot-review/.

• kraft phone assistant（卡夫手机助手）可以为用户提供"当日食谱"，并确定食材和购买地点。它还能够逐渐了解用户偏好，并根据客户最喜欢的商店和客户的家庭成员人数等信息改进其提供的建议。[①]

例如，一家名为 6sense 的专注于智能预测初创公司提供的软件能够处理大量数据，以帮助销售人员在恰当的时间向潜在的客户发送电子邮件。通过分析访问客户端的消费者以及来自各种公共可用来源（包括社交媒体）的第三方数据，6sense 可以绘制更为全面的消费者兴趣全景，并在销售过程中评估出消费者何时可能购买产品，甚至可以预测他们何时可能放弃购买。而在过去，销售人员可能需要通过电话或亲自收集相关线索才能获得这些销售机会，6sense 正在赋予销售人员一些技能，而这些技能是社交性较差的在线互动（比如大量使用电子邮件）难以比拟的。[7]

人工智能的品牌效应

通过在线工具和人工智能界面，前台部门正在发生某些颠覆性的

---

① Domenick Celetano, "Kraft Foods iPhone Assistant Appeals to Time Starved Consumers," *The Balance*, September 18, 2016, https://www.thebalance.com/kraft-iphone-assistant-1326248.

变化。例如，亚马逊客户能够轻松购买大量的商品，这都归功于人工智能的产品推荐引擎和借助了"Echo"（语音支持的全新概念的智能音箱）设备的"Alexa"。

有着类似客服功能的人工智能系统如今在为企业创造收益方面发挥着更大的作用，而这往往是前台的职能。便利的购买体验已成为客户看重的主要因素。在一项研究中，98% 的网络消费者表示，如果他们在某个店的购物体验良好，就很有可能再次去那家店购买商品。[8]

当公司利用人工智能与客户进行互动时，该人工智能软件可以成为公司区别于其竞争对手的主要因素。在这种情况下，人工智能不再是简单的技术工具，而是成了品牌的代名词，正如 Alexa 现在成了亚马逊的品牌面孔一样。

品牌为何如此重要？在 20 世纪，随着企业的发展壮大，广告本身也成为一种产业，它使企业品牌深入人心。伴随而来的是令人印象深刻的吉祥物，例如一只会说话的老虎，告诉我们早餐很棒；一个由汽车轮胎组成的人形，表情友好，憨态可掬。老虎托尼和米其林轮胎人很好地利用了"品牌拟人化"的营销技巧。通过赋予品牌个性、标语或其他酷似人类的特征，公司可以更好地吸引并保留客户。如今，这种品牌拟人化的设计也延伸到了对话式的人工智能机器人。我们知道这些机器人不是人类，但它们又足够人性，能够吸引并保持我们的注意力，甚至是情感。

基于人工智能的品牌拟人化设计是一种很好的策略。随着时间的推进，Alexa 可能会比其母公司亚马逊更具有识别度。由于会话界面简单，客户与公司的人工智能的互动时间可能很快就会超过与公司员工的互动时间。虽然这种客户交流方式的转变在某种程度上比较容易实现，但对应用人工智能的公司来说也并非没有挑战。每次互动后客户都会对人工智能机器人的表现进行判断，进而推及对品牌和公司的印象。正如我们在与客服代表交流的时候可能会感到愉悦或愤怒一样，我们对机器人的表现也会形成一个持久的印象。此外，客户与机器人交互产生的影响比我们与销售人员或客服代表进行的任何一次性对话的影响都更为深远：单个机器人理论上可以同时与数十亿人进行交互，无论人们对其印象是好是坏，都有可能带来长期的全球性影响。

因此，品牌形象大使的名字、性格特征和声音都是公司最基本的决策问题。比如，应该用男声、女声，还是中性声音，性格特征是要活泼一点还是稳重一点，是要书卷气一些还是时尚感更强一些。

产品的个性和表现通常代表着一个公司的价值观——或者至少是这家公司对待客户的价值观。对公司的静态吉祥物来说，这些问题都很具有挑战性，对人工智能而言就更加复杂和微妙了。亚马逊已经针对一些事项做出了决策，例如，Alexa 不重复脏话，也不常使用俚语（指民间非正式的语句）。此外，会话机器人的设计是动态的，它们能够通过学习做出改变，所以公司还必须确定如何设定未来机器人演进的边界。

有趣的品牌脱媒现象

　　随着越来越多的公司在利用"沃森"、Siri、Cortana（微软小娜）和 Alexa 这样的人工智能平台提供解决方案，一种被称为品牌脱媒现象（brand disintermediation）的有趣效应随之出现。

　　自 1994 年以来，亚马逊几乎都是通过它们的"眼睛"与客户建立联系的。亚马逊的网站排布清晰，易于浏览，后来还部署了移动应用程序，易于客户查找需要（或者客户自己都不知道自己需要）购买的商品。2014 年，亚马逊又启用了一种新的客户服务模式：一种被称为 Echo 的人工智能家用音箱，可以语音激活，并具有 Wi-Fi 连接功能。

　　突然之间，亚马逊有了"耳朵"。也是在突然之间，亚马逊的客户可以直接和该公司进行对话，刷新订单，并要求人工智能机器人 Alexa 播放音乐或朗读 Kindle（电子书阅读器）的电子书籍。随着技术的发展，Alexa 已经逐渐能够代表外围公司统筹多种交互活动，人们可以通过 Alexa 从达美乐公司订购比萨饼，查看自己在第一资本金融公司的银行余额，并获取达美航空公司的最新航班信息。在过去，达美乐、第一资本金融公司和达美航空等公司拥有整个的客户体验，而现在，亚马逊通过 Alexa 也拥有了部分的交互信息以及公司和客户之间的基本交互界面，并可以使用这些数据来改进自己的服务。品牌脱媒已经成为一种趋势。

品牌脱媒现象还出现在其他领域。例如，Facebook 没有创建任何内容，它却成为数十亿人和数千个媒体市场的内容代理；优步几乎没有自行拥有的车辆，它却是世界上最大的出租车服务商。在超级网络的世界中，手机、扬声器、恒温器，甚至是运动服都可以连接到互联网并且可能彼此连接。品牌之间必须学会互相配合，或在一定程度上把控制权交给那些拥有最流行界面程序的公司。不管怎样，门户网站的作用不可小觑。

同时，亚马逊的人工智能一直在推进公司的重大转型。2016 年底，这家电商巨头已经销售了 500 多万台 Echo 设备，电子商务已经开始从"点击"转变为"对话"，我们称其为"零点击商业"（zero-click commerce）时代。

品牌个性化时代

当消费者可以让自己的人工智能变得个性化时，品牌拟人化的概念就远远超过了 20 世纪初推行的卡通吉祥物的概念。我们走进了一片不明朗的道德区域，这对我们如何设计对话式的机器人产生了影响。当这些机器人变得更加善于沟通时，人们就会把它们看成值得信赖的朋友，向其征询建议。但是设计者是否考虑过应该如何让机器人回答那些非常个人化的问题呢？当一个人在网上搜索阑尾炎甚至是癌症的症状时，机器人是否可以加以识别？如果一个人承认自己有自杀倾向，或者最近遭受过殴打应该怎么办？机器人应该如何做出回应？

2016 年的一项研究考察了苹果公司的 Siri、微软公司的 Corntana、谷歌的 Google Now（谷歌即时）和三星的语音助手（S Voice）如何针对精神或身体健康问题相关的各类暗示做出回应。根据研究人员的报告，这 4 种机器人程序都无法一致地、完整地识别危机，也无法给出得体的回应，或决定是否将该用户转介给适当的求助热线或健康资源。Siri 对身体健康问题的反应最为积极，可以频繁地根据各种病痛的分阶段描述推荐附近的医疗机构。然而，它在区分头痛等轻微症状和心脏病之类的急症时不能对病症的紧迫程度保持一贯的判断。

研究人员在报告中指出："结论表明，我们尚未有效地利用科技来推荐适当的医疗保健服务。随着人工智能日益融入我们的日常生活，软件开发人员、临床医生和专业团体应该设计和测试各种方法，以此改进会话代理的性能。"[9]

要想使机器人变得关怀体贴，一种思路是设计一种可嵌入任何人工智能的共情引擎。来自麻省理工学院媒体实验室的一家叫作 Koko 的初创公司目前正在开发这种引擎（该公司开发了一款名为 Koko 的程序）。聊天软件 Kik 提供的即时通信服务可以通过人类社区回答一些敏感问题，这些问题的应答锻炼了 Koko 的机器学习能力。例如，如果它知道你很担心即将到来的求职面试，就会在几分钟内做出回应，例如："你看起来很好。"[10]

如今，人工智能已经足够聪明，可以在人类做出响应之前回答出某些问题，但自动化系统仍然处于"窃听"阶段。根据 Koko 联合创始人弗雷泽·凯尔顿的说法，"我们正在努力通过语音或消息平台提供同理心服务……我们认为这在人机协作的世界中是一项重要的用户体验"。[11]

因此，总体来说，我们已经从推广谷物早餐的老虎托尼的形象中走了出来，进入了一个对话式的人工智能机器人时代。该机器人可以足够了解你，对你即将面临的面试压力表示感同身受。另外，智能音箱可以服从你的语音指令，帮你订购一台 Magic Bullet（魔术子弹）的搅拌机来制作早餐冰沙。这是一个相当大的飞跃，而对话机器人的版图还没有完全成形。在本书的第二部分，我们将讨论新出现的最佳实践案例，以帮助相关企业利用人工智能的力量做出可持续发展的有利决策。

即将到来的就业形态

越来越多的传统公司都在利用数据分析技巧来进行市场营销与销

售活动，亚马逊、eBay（全球最大网络交易平台之一）和谷歌等公司都在应用这些技巧。这意味着即使像可口可乐这样的公司也可以成为人工智能的领导者。

在前面，我们描述过这家软饮料巨头如何为其遍布全球的数百万家零售店开发了智能冷柜。该公司还在其社交媒体营销中应用了人工智能。可口可乐公司的人工智能程序的特殊之处在于，它可以有效地衡量大卫·鲍伊（英国摇滚音乐家）的死讯或超级碗（super bowl，美国职业橄榄球大联盟年度冠军赛）等热门新闻事件背后的公众情绪，并制定出创意营销策略，以更好地与客户产生共鸣。

在系统测试中，人工智能在 2016 年里约热内卢奥运会期间，通过观察客户情绪开发出的创意内容使人们观看或分享该内容的可能性增加了 26%，这一增长可能会对可口可乐的销售额产生重大影响。

销售和市场营销中的其他人工智能应用程序可能不那么引人注目，但它们的价值同样不容小觑。例如，金汤宝公司（campbell soup，美国首屈一指的罐头汤生产商）曾与 Ditto Labs（迪图实验室）合作部署人工智能来解释社交媒体上消费者的唠叨有什么含义。该应用程序筛选并分析了大量的可视数据。到目前为止，该公司已经在其旗下的著名品牌 V8 蔬菜汁上测试了这项技术，根据金汤宝公司的数字营销与全球创意总监乌曼·沙阿的说法，来自自发数据和实测数据的消费者反馈意见已经为公司提供了宝贵的见解。[12] 纵观整个销售流程，从产品推销到客户、业务、广告、定价和营销，人工智能有助于将销售结果呈现出来。更多示例请参阅专栏《销售和营销流程中的人工智能》。

销售和营销流程中的人工智能

广泛可用的数据以及在线销售和市场营销策略的转变意味着人工智能正在成为企业开发新的流程策略的重要工具。

• 美国州立农业保险公司将对驾驶员的技能评分与从各种传感器和摄像头捕获的驾驶员的生物特征数据（表明情绪状态）相结合。其数据分析功能可让公司制定的保单价格更符合实际风险和驾驶员的行车水平。[1]

• 英国葛兰素史克公司（GSK，全球最大药剂集团）使用 IBM 的"沃森"制作交互式的在线广告。广告受众可以通过语音或文字识别功能来进行提问。[2]

---

[1] Ed Leefeldt, "Why Auto Insurers Want to Watch You Breathe, Sweat and Swear," *MoneyWatch*, March 2, 2016, https://www.cbsnews.com/news/why-auto-insurers-want-to-watch-you-breathe-sweat-and-swear/.

[2] Sharon Gaudin, "With IBM's Watson, GlaxoSmithKline Tackles Sniffle and Cough Questions," *ComputerWorld*, October 24, 2016, https://www.computer world.com/article/3133968/artificial-intelligence/with-ibm-watson-pharmaceutical-industry-tackles-sniffle-and-cough-questions.html.

• 谷歌使用人工智能来分析数百万个信号，以确定 AdWords（关键词竞价广告）和 DoubleClick（被谷歌收购的网络广告服务商）搜索的最佳报价，从而充分利用其营销工具。[①]

在本章，我们了解到前沿公司如何重构前台与客户的交互流程。举例来说，可口可乐公司一直在做一个试点项目，该项目利用人工智能针对其遍布全球的 1 600 万个冷藏柜点来重构客户订购饮品的方式。该重构行为就是我们"五大关键原则"中的思维模式部分。与此同时，全球时装公司 Ralph Lauren 一直在开发一种"智能穿衣镜"，想要改善消费者在购物过程中的体验。该智能穿衣镜不仅可以帮助顾客了解某件衣物可供选择的颜色或尺寸，还能不断地收集信息。由此我们可以看到"五大关键原则"中的数据部分所发挥的作用，因为 Ralph Lauren 可以通过分析这些信息来获取有价值的见解，例如消费者可能在试穿后很少购买某件衣服的信息。然而，智能化程度越来越高的镜子，以及具有"窃听功能"的人体模特和其他类似设备最终可能会引发隐私和道德问题，这些问题需要公司加以解决，因此公司不应忽视"五大关键原则"中的领导力部分。此外，随着智能穿衣镜等

[①] Frederick Vallaeys，"The AdWords 2017 Roadmap Is Loaded with Artificial Intelligence，"*Search Engine Land*，June 7，2017，http://searchengineland.com/adwords-2017-roadmap-loaded-artifcial-intelligence-276303.

人工智能系统变得越来越先进，我们需要不断地加强对它们的训练。例如，像 Siri 和 Alexa 这样的智能机器人都需要接受相当程度的训练，才能在客户感到沮丧、愤怒或焦虑时表现出适当的同理心。这就是为什么管理者需要关注"五大关键原则"中的技能部分，以确保他们有合格的员工来执行训练工作。此外，公司还必须对"五大关键原则"中的实验部分投入适当的资源，来使 Siri 和 Alexa 等智能机器人找到恰当的情感平衡点。

　　本章也暗示了前台部门将出现何种新的职业。当机器人成为客户服务基础设施的关键组成部分时，它们的性格特征就需要得到设计、更新和管理。擅长人类会话、对话、幽默、诗歌和同理心等特殊学科的专家们需要担此重任。更重要的是，在工作能力得到增强、工作自动化完成的新世界中，用户界面和体验设计师将发挥极其重要的作用，因为人与人（无论是企业客户还是员工）之间的界面会对网络人工智能产品或服务的成败起到关键作用。在本书的第二部分（特别是第五章），我们将讨论这些新型角色及其对企业的重要影响。

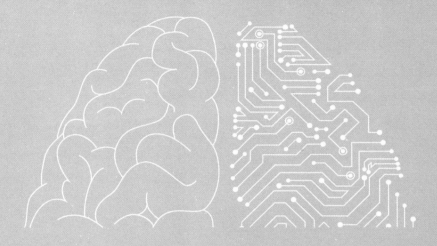

| 第二部分 |

未来的新型工作模式

第五章　关键企业流程中出现的新岗位

从人机对立到人机协作

我们在第一部分描述了企业当前如何使用人工智能。纵观各个行业，众多企业都正在从有效的人机团队中获益。人类的强项——例如创造力、即兴创作、灵活性、评判力以及社交和领导能力仍然具有相关性和重要性，而机器的优势在于速度、准确性、重复性、预测能力和可扩展性等。企业在认识到人和机器的相对优势后，可以同时提高员工的工作效率和动力，从而增强他们的工作能力。

未来是怎样一番图景呢？第二部分就是我们的预测部分。在后面几章，我们将对人机动态进行深入探讨，并重点指出如何围绕这种动态来重构业务流程。

虽然某些任务可能永远都是人力或机器的专属工作，但我们的研究表明，许多传统工作正在发生转变，许多新的工作都需要通过人机团队来完成。从人机伙伴关系发展而来的新型工作模式就出现在我们所说的缺失的中间地带——这些新型工作模式在今天的经济研究和就业报告中都在很大程度上被忽略了。传统的观点是将人和机器视为相互争抢工作的对手。但是，这种二元视角不免过于简单，忽视了双方在缺失的中间地带中的强大合作潜力。

一个简单的事实是，当人类和机器作为盟友而不是对手共同工作时，公司可以利用彼此的互补优势来实现业绩的最大提升。对我们来说很容易的事情（比如折叠毛巾），对机器来说可能很难办到。而机器做起来很容易的事情（例如在庞大的数据集中发现隐藏的模式），对我们来说就非常困难。事实上，人们可以在数据很少或没有数据的情况下发挥优势，而机器则在数据量庞大的情况下更胜一筹。企业对这两种能力都有需求，而缺失的中间地带就是这两者的合作领域。此外，机器学习和其他人工智能技术通常会像"黑箱"一样运作，从而有可能导致某些决策无法得到解释。对某类系统来说这或许可以接受，但其他的应用程序（例如医疗和法律领域的应用程序）通常都需要人的介入。

在过去，当数字工具主要用于自动化现有流程的时候，公司没有缺失的中间地带需要填补。但如今，随着越来越复杂的人工智能技术实现了人机协作，缺失的中间地带的开发工作已成为重构业务流程的关键要素之一。本书第一部分提到的许多公司都已经着手这项工作，它们认为人工智能首先是一种人才投资，其次才是技术投资。这些公司重视那些适应能力强、具有创业精神并愿意接受再培训的员工，并且会为他们提供支持以确保他们和人工智能系统能够成功合作。在此过程中，它们奠定了强大的自适应企业流程的基础，该流程能够承受经济冲击并提升技术变革的速度。

为了进一步开发缺失的中间地带，企业还需要了解人机互助的方式。在这里，我们发现了一些前沿性的工作以及对人类和机器未来工作的启示。

图 5-1 突出了缺失的中间地带中的 6 种角色。在左侧部分，人类可以训练机器执行任务，解释机器的输出结果，并以负责的方式维护机器。在右侧部分，机器可以利用数据和分析结果增强人类的洞察力和直觉能力，通过新奇的界面与人类进行大规模的交互，并且它们体现出的物理属性实质上扩展了个人能力。

领导	共情	创作	判断	训练	解释	维系	增强	交互	体现	处理	迭代	预测	适应
人类专门活动				人类弥补机器的不足			人工智能赋予人类超强能力			机器专门活动			
				人机协作活动									

图 5-1　缺失的中间地带

利用缺失的中间地带是企业重构其业务流程的必要环节之一，而另一个关键要素是重构流程所承载的含义。企业不应该再把流程视为连续存在的一连串任务。在人工智能时代，流程变得更具动态性和适应性，而不是一条直线上若干节点的集合。也就是说，线性模型不再适用于流程的描述，我们不妨把流程看作是可移动的、可重新连接的节点或者是一个轴幅式结构。

除了开发缺失的中间地带和重构业务流程之外，企业管理层还需要应对重构业务流程的挑战，同时要有意识地赋予人工智能以责任感。管理者不仅需要培训员工，让员工在缺失的中间地带创造价值，还必须考虑与企业人工智能系统相关的各种伦理、道德和法律问题。主要的问题包括：

• 作为一家上市公司，我们对股东、员工和社会有哪些义务，怎样确保我们应用的人工智能系统有益无害？

• 当我们在新的流程中使用人工智能时，怎样能够不触犯《通用数据保护条例》等法律法规？

• 我们如何确保已经充分考虑到人工智能可能造成的意外后果，如何避免因意外问题影响到公司的品牌效应和公共关系？

虽然目前企业对人工智能的应用仍处于初期阶段，但各个企业都展现了卓越的创造力和负责任的精神，调动人工智能及其员工的强项，改造、修改和重构业务流程。这一路的探索照亮了未来，这不仅是Facebook 和亚马逊等数字巨头的未来，也是进入企业转型的第三个时代。

　　请回想一下多元化的全球企业力拓矿业公司。[1]人工智能技术使该公司能够通过一个中央控制设施管理其庞大的机器舰队——自动钻孔机、挖掘机、推土机、无人驾驶卡车以及其他数千英里以外的矿井设备。各类机器上的传感器不断地发送数据到大型数据库中，并由人工智能技术来分析这些信息以获取有价值的见解。例如，有关自卸货车制动模式的数据有助于预测维修问题。

　　但这并非是自动化取代人类的示例。力拓矿业公司指挥中心雇用了大量的数据分析师、工程师和技术娴熟的远程操作员，由他们共同协作来管理庞大的机器舰队。例如，数据分析师负责分析数据库中的信息，并向远程操作员提供建议。中央控制的诸多优势之一就是它能让相隔很远的操作员协同工作。由于操作员可以通过显示屏远程控制设备，因此能够更好地协调他们的工作，以应对恶劣的天气和设备故障等突发状况。力拓矿业公司对人工智能的大规模投资当然也遭受过挫折。例如澳大利亚一辆用于拖运矿石的无人驾驶列车系统曾遭遇重大延误。[2]但值得一提的是，人与机器的强大组合方式可能会使公司做出更好的决策，并持续改善公司的重型操作环境。

　　也许很多人认为力拓矿业公司并不是一家数字领先的公司，但该公司早已对员工进行重新配置，安排他们与人工智能系统一起高效工作。在此过程中，力拓矿业公司重构了一些流程，使其看起来更像是美国航空航天局在休斯敦的太空航行地面指挥中心，这对一家矿业公司来说是一种打破惯例却行之有效的措施。

如果你从一开始就专注于通过人机协作来打造公司业务的话，又会发生什么呢？已经成立 6 年的 Stitch Fix 公司（美国时尚电商）很好地展示了什么是缺失的中间地带和流程重构。该公司提供的主要服务是个人购物，但它另辟蹊径：根据客户提供的数据（如风格调查数据、尺寸和社交网络的图片），公司会挑选出新款的服饰并将其直接送到客户的家门口。如果客户不喜欢某件商品，只需要将它退回即可。而在此服务推出之前，客户需要在商店里花费数个小时，试穿数十件衣服，最后却只有几件衣服合身（如果走运的话），如今这样的日子已经成为过去式了。

如果没有机器学习，Stitch Fix 公司就无法实现当前的营销模式。但该公司很清楚，人在这个过程中的作用同样至关重要。由于 Stitch Fix 公司的成败取决于其推荐的服饰是否符合客户需求，因此其推荐系统（由人员和机器组成）是其服务质量的关键。结构化数据（如风格调查数据、尺寸和品牌偏好）由机器管理。人类造型师更关注非结构化的数据管理，例如来自社交网络的图片和客户记录下的购衣心得。

在装配货物时，机器学习算法可以减少不必要的选择（在款式、尺寸、品牌和其他因素方面），从而减轻了造型师的选择负担，增强了员工的能力。随后设计师会利用专业知识来决定哪些衣服符合客户的个性化需求。人和机器都在不断地学习和更新各自的决策机制。客户是否留下衣服的信息数据可以被用来训练算法，使其日后提出的建议更加贴近客户需求。造型师也将基于这些信息以及自己的直觉和客户反馈来提升判断能力。

在 Stitch Fix 公司工作是一种怎样的体验？该公司的 2 800 多名造型师都在自己的电脑上登录，这些电脑就成了数字控制台。然后他们会点击一个界面，该界面将帮助他们快速选择服装样式。选项都是自动排序的，因此造型师不会浪费时间搜寻不符合尺寸要求的产品。该界面还可以提供客户信息，如风险承受能力和反馈历史记录。有趣的是，界面还可以帮助造型师克服偏见。它可以更改造型师看到的信息，以对他们进行测试，使其远离推荐误区。[3]

根据内部调查，即使受到持续监督并且有算法来引导决策的制定，Stitch Fix 公司的造型师大都对这项工作感到非常满意。这种工作使人的创造力得到增强，而且时间安排灵活，将在未来的工作模式中发挥重要的作用。Stitch Fix 公司的造型师每周只需工作一定的时间，公司还会为他们提供健康保险和其他工资福利，员工完全处于灵活的工作环境。Stitch Fix 公司之所以独树一帜，是因为它们成功地运用了关键的人员管理要素。

力拓矿业公司和 Stitch Fix 公司都采取了各自的方法来填补缺失的中间地带并重构其业务流程。我们提供的示例可以帮助你发现机会，打造缺失的中间地带，变革流程，并采取具体措施来重塑未来的工作。

"人类＋机器"的革命已经开始，但仍然有许多问题需要解决，前方的道路也仍待开拓。让我们在余下的章节中继续我们的旅程。

人类在开发和部署人工智能方面扮演的三个角色

日产汽车公司（NISSAN）位于硅谷的研究中心的首席科学家梅利莎·赛夫金正在做一个有趣的工作——与传统汽车设计师一同开发下一代自动驾驶汽车。赛夫金的任务是确保人与机器之间（即驾驶员与汽车之间）的顺畅合作，这也让她的人类学背景发挥了作用。"如果你想为人类提供一个自动化的合作伙伴，你就需要了解人类。"赛夫金说道。[4]

赛夫金在日产汽车公司的工作是思考大多数汽车设计师可能不会考虑的事情。举例来说，大多数驾驶规则和惯例都是约定俗成的（例如不能压双线），但人们经常在某些情况下（例如压过双线以避免碰撞）打破规则。那么，应该如何对自动驾驶汽车进行编程，使其能够准确判断何时何地可以违规？赛夫金与程序员、电子工程师和人工智能专家一起工作，希望能够在汽车中嵌入具有特定人性特征的人工智能自动驾驶算法，例如可以灵活地打破规则，以获得更大的利益。

作为一名"车辆设计人类学家"，赛夫金是越来越多的从事新兴工作的专业人士之一。近年来，人工智能系统已经成为日常业务的一部分，它被用以向客户推荐产品，帮助工厂实现更高效率的运作，以及诊断和解决 IT 系统的问题。这种转变引发了大量的讨论，人们推测未来几年内多个类别的工作（例如亚马逊当前雇用的大量仓库工人）都将消失。但我们在讨论中容易忽略的是，许多新的工作岗位也将被创造出来（比如赛夫金所做的工作）。这些工作主要专注于人类对机器的训练，旨在开发能够与人们进行复杂交互的人工智能系统，这个训练过程将越来越像一个孩子的成长轨迹。

通过对全球 1 500 多家正在使用或测试人工智能和机器学习系统的公司进行研究，我们发现一系列全新的工作大有异军突起之势。

这些新兴工作不是单纯地取代旧有工种，而是十分新颖的岗位。这些岗位的技能与培训要求是前所未闻的。具体而言，复杂的系统需要新的业务和技术人员来训练、解释和维系人工智能的行为，也就是图 5–2 中人机协作活动的左侧部分，这些工作岗位补充了人工智能机器的缺陷，挖掘了独特的人类技能，与人工智能是共生关系。你的企业如何创造这些新的岗位？如何将其嵌入现有流程以及重构之后的流程？在本章，我们将一一回答这些问题并提供示例，以帮助你思考如何安排企业内部的训练师、解释员和维系者的岗位。

领导	共情	创作	判断	训练	解释	维系	增强	交互	体现	处理	迭代	预测	适应
人类专门活动				人类弥补机器的不足			人工智能赋予人类超强能力			机器专门活动			
				人机协作活动									

图 5–2 缺失的中间地带

人工智能系统的训练师

在过去，人们必须适应计算机的工作方式，而今情况正在发生变化——人工智能系统正在学习如何适应我们。但要做到这一点，就需要我们对人工智能系统进行大量的训练，图 5–3 列出了几类训练师要做的工作，其工作任务是训练人工智能系统如何执行某些任务或如何变得更加人性化。一般来说，我们倾向于使用有着类似人类行为的人工智能，因为这使我们能够更自然地与机器进行互动。但是我们也会被类人机器人的缺陷所搅扰，这种现象被称为"恐怖谷"，我们将在本章后面加以讨论。

以制造业为例，新型的机器系统更加轻便、灵活，并且支持人机协作。人类需要对这些机器系统进行编程和训练，以处理不同的任务，这就要求员工具备相应的技能。对汽车制造商而言，高度自动化的工厂会因设备故障造成巨大的经济损失。如果一条自动化生产线每分钟能制造一辆价值 50 000 美元的汽车，那么一场突发的 6 小时的故障就会造成约 1 800 万美元的损失。这就是在过去 10 年中，领先的机器制造商 Fanuc 培训了 47 000 名设备操作员的原因之一。即便如此，预计未来几年中与制造工业相关的工作岗位还将出现 200 万名员工的短缺。[5]

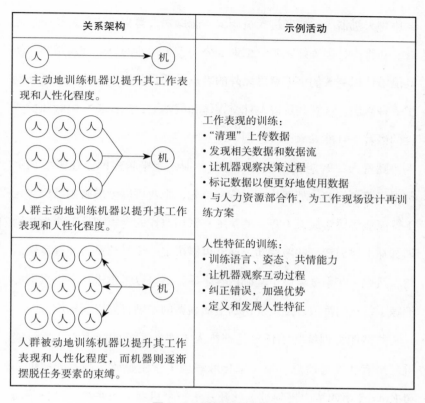

关系架构	示例活动
人 ──────► 机 人主动地训练机器以提升其工作表现和人性化程度。	
人 人 人 人 人 人 ──► 机 人 人 人 人群主动地训练机器以提升其工作表现和人性化程度。	工作表现的训练： • "清理"上传数据 • 发现相关数据和数据流 • 让机器观察决策过程 • 标记数据以便更好地使用数据 • 与人力资源部合作，为工作现场设计再训练方案
人 人 人 人 人 人 ◄──► 机 人 人 人 人群被动地训练机器以提升其工作表现和人性化程度，而机器则逐渐摆脱任务要素的束缚。	人性特征的训练： • 训练语言、姿态、共情能力 • 让机器观察互动过程 • 纠正错误，加强优势 • 定义和发展人性特征

图 5-3　训练师的工作

物理机器人并不是唯一需要接受训练的人工智能系统，人工智能软件同样需要接受训练，我们要做的一项重要工作就是把机器训练得更像人类。训练过程涉及方方面面的工作和人员。从简单方面来说，训练师可以帮助自然语言处理程序和语言翻译程序降低错误率。从复杂方面来说，人工智能算法必须经过训练才能模仿人类行为。例如，客服聊天机器人需要经过人员调试才能探知人类交流的复杂和微妙之处。在雅虎，训练师正在尝试训练公司人工智能的语言处理系统，使其能够认识到人们字面意思以外的表意。到目前为止，他们已经开发了一种算法，该算法可以在社交媒体和网站上探测到带有讽刺和挖苦性的语言，且准确率至少达到80%。[6]

随着人工智能逐渐渗透到各行各业，越来越多的企业需要训练师来完善它们的物理和软件系统。首先，企业可以考虑聘用已经与人工智能或将要集成人工智能的系统有密切协作的专家型员工作为初始训练师。他们拥有的隐性知识通常可以决定一个系统是否能够良性运转。然后，在系统学会了基础内容之后，就可以考虑进行下一级别的训练了，该训练可以使系统识别更加细微的差别，如以下示例。

共情能力训练师的任务是训练人工智能系统的同理心。这可能听起来有些匪夷所思，但是来自麻省理工学院媒体实验室的初创公司 Koko（第四章中提到过）就开发了一个机器学习系统，可以帮助苹果公司的 Siri 和亚马逊的 Alexa 这样的聊天机器人在回应人们的问题时带有深度和同理心。目前人们正在对 Koko 的算法进行训练，使其能够应对人们的沮丧情绪（例如人们对丢失了行李，购买了有缺陷的产品，或者他们的有线信号在反复维修后仍然存在故障感到沮丧），其目标是让系统具有适当的同理心、同情心，甚至幽默感，并通过交流帮助人们解决问题。每当 Koko 的回应不太恰当时，训练师就会帮助 Koko 纠正这个行为，长此以往，机器学习算法的回应能力将会逐步优化。

上述示例突出了尖端人工智能的潜力。如果没有 Koko，Alexa 就会对情绪焦虑的用户发出千篇一律的重复回应，比如"我很抱歉……"或"和朋友谈谈心可能会有帮助"。有了 Koko 之后，Alexa 变得更有帮助了。当有人说担心自己在即将到来的考试中不能及格时，嵌入了 Koko 程序的 Alexa 是这样回应的："考试带来的压力确实很大，但适度的焦虑也可以帮助我们取得成功，并激发我们的思维能力……这是身体的响应机制。焦虑其实是件好事，不妨把它当作你的秘密武器。我知道，这说起来容易，做起来却很难。"对企业而言，训练有素的人工智能程序是其领先对手的关键。

除了学习如何具备共情能力之外，先进的人工智能系统还会从人性特征训练师那里学习如何变得更加人性化。可能有人不理解为什么要开发人工智能系统的某些人性特征，但像微软的 Cortana 这样的技术在建立和维护一个品牌方面的确可以起到重要作用（如第四章所述）。举个例子，Cortana 自信、出色和充满关爱的风格就受到了用户的喜爱。在微软的高强度训练下，Cortana 既能为用户提供帮助，又不会颐指气使。例如，它可以了解某个人什么时候最容易接受建议。所有这些都使微软品牌更加受到用户信赖。

人性特征训练师可以有不同的背景。例如，萝宾·尤英曾经是好莱坞的一个编剧，专门负责编写电视脚本。[7]目前，尤英正在施展她的创意才能，帮助工程师开发一个保健领域的人工智能程序 Sophie（索菲）的人性特征。在其他任务中，Sophie 会提醒消费者服用药物，并定时对他们进行检查。当然，像尤英这样的人性特征训练师，通常都没有高科技背景。在微软，负责训练 Cortana 人性特征的团队就是由一个诗人、一个小说家和一个剧作家组成的。

随着 Cortana 这样的机器人逐渐成为众多品牌的拟人面孔，因此对其进行适当训练的任务就变得越来越重要。一些营销专家已经预见到品牌从单向互动（品牌到消费者）到双向关系的演变。正如我们在上一章详述的那样，人工智能将通过与客户的交流成为公司品牌的新面孔。

鉴于聊天机器人和品牌的发展趋势，企业要以全球视角对其进行训练，这项任务将由世界观和本地化训练师来完成。正如在海外工作的员工需要了解他们的国际同事的文化和语言一样，机器人也要对世界上不同国家的人有差异化的认知。世界观和本地化训练师有助于确保人工智能系统能够顾及地域差别。例如，在某些国家，人们不像美国人和西欧地区的人那样，对于机器人和不断增强的自动化感到那么焦虑。特别是日本人，他们似乎对机器人有着强烈的迷恋和崇拜倾向，这无形中为更多的人机协作铺平了道路。世界观和本地化训练师需要意识到这种差异，让聊天机器人具有文化意识，帮助它们避免混淆和尴尬，增强用户对品牌的信任感。

在训练人工智能系统发展人性特征和全局视角的过程中，交互建模人员可以发挥极大的辅助作用。他们以专家型员工为模型来帮助训练机器的行为。例如，麻省理工学院的教授朱莉·沙阿一直在开发一种能够模仿人类工作表现的机器人。她的目标之一是让机器人做出一些基本的决定（例如，中断一项工作来完成另一项更加重要的任务，然后再返回到原来的工作），就像人类工作者一样。

对人工智能系统的训练不一定要在企业内部完成。和薪资、IT和其他功能一样，人工智能系统的训练可以通过众包或者外包来完成。一个名为 Mighty AI 的人工智能众包服务平台巧妙地利用其众包技术来帮助客户训练人工智能系统的视觉识别（比如从照片中识别湖泊、山脉和道路）以及自然语言处理能力。该公司已经积累了大量的培训数据，可以为不同的客户提供服务，有一位客户就是通过 Mighty AI 来训练其机器学习平台提取人们谈话中的意图和含义。此前，另一家人工智能初创公司 Init.ai 还试图以员工对话为样本，自行对其人工智能系统进行训练，但这种方法存在局限性，最终 Init.ai 还是将这一工作以外包形式完成。

通过与 Mighty AI 合作，Init.ai 在符合预审条件的用户团体的帮助下，利用可定制模板创建了复杂的任务。具有相应领域知识、技能和专业水平的用户可以在各种角色扮演的场景中与人工智能系统互相交谈，近似于客户和公司员工之间的真实互动。之后 Init.ai 可以利用结果数据建立自己的对话模型，用于训练其机器学习平台。[8]

显然，人工智能系统的性能取决于训练数据。这些程序会在数据中搜索模型，数据信息中的任何偏差都会反映在后续的分析结果当中。这就好像倒入的是垃圾，倒出的也会是垃圾一样。但更准确的说法是，输入的数据有偏差，输出的数据也会有偏差。在一个有趣的实验中，谷歌旗下的 DeepMind（深度思考）公司的计算机科学家在训练一个人工智能系统玩两种不同的游戏：一种是狩猎游戏，另一种是水果收集游戏。结果令人吃惊，在狩猎游戏中接受训练之后，人工智能系统表现出了"高度的侵略性"。而在水果收集游戏中接受训练后，该系统则显示出了很强的合作倾向。[9]

这就是为什么数据卫生员的作用如此关键。不仅是算法本身不能有偏差，而且用于训练人工智能系统的数据也不能有任何偏见。公司使用的信息来源都很纷杂：生物测定学、卫星图像、交通数据、社交媒体等，因此未来几年内数据卫生员的作用将会越来越重要。很多数据可能是"废气"，即作为另一个程序的副产品而创建的信息，例如 Facebook 上生成的所有日常数据。

尖端公司已经开始在这个新的大数据时代中加速探索数据废气的潜在用途。例如，全球最大资产管理公司 Black Rock（贝莱德）一直在分析中国的卫星图像，以便更好地了解这个国家的工业活动。此类分析行为甚至衍生出了一种新型的投资分析法："量化基本面"投资。

该方法依赖复杂的机器学习算法来分析传统的金融信息以及数据废气，以此预测市场中某些资产的价值。[10] 数据卫生员的专业技能在这些创新应用中发挥了作用，他们通常与维系者一同工作（本章后面将做详细介绍），不仅要将数据废气转换成适于输入人工智能系统的形式，还要确保该数据没有任何噪声或隐藏的偏差。

人工智能系统的解释员

第二类新型工作岗位是解释员，其工作任务是弥合技术人员和企业领导者之间的距离。随着人工智能系统越来越不透明，解释员的角色将变得愈加重要。许多管理者已经对复杂的机器学习算法的黑箱属性感到不安，特别是当这些系统给出的建议可能会违背传统思维或引发争议的时候（见图 5–4）。

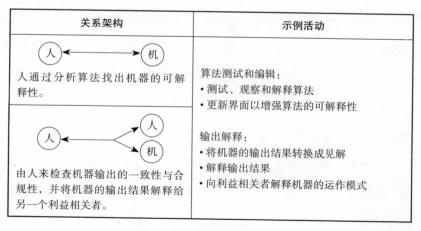

关系架构	示例活动
人 ←→ 机 人通过分析算法找出机器的可解释性。	算法测试和编辑： • 测试、观察和解释算法 • 更新界面以增强算法的可解释性
人 ← 人 / 机 由人来检查机器输出的一致性与合规性，并将机器的输出结果解释给另一个利益相关者。	输出解释： • 将机器的输出结果转换成见解 • 解释输出结果 • 向利益相关者解释机器的运作模式

图 5–4 解释员的工作

以 ZestFinance（泽斯塔金融公司）为例，该公司可以帮助贷款人更好地预测信用风险，并为传统意义上不符合资格的借款人提供融资。公司允许贷款人分析申请人的数千个数据点（远胜于传统的信用评分系统和信用历史记录），并利用尖端的人工智能技术得出是否借款的决定。这些申请人的平均年收入约为 3 万美元，其中许多人都有违约记录。这类申请人的贷款额度通常很小，平均为 600 美元，但利率很高。[11]

鉴于其业务的性质，ZestFinance 需要能够向客户解释它们用于批准贷款的人工智能系统的内部运作模式。该公司已将其对申请人的排名依据（如信誉度、稳定性和谨慎性）做了描述。如果某申请人报告的收入远高于其同行水平，那么他的信誉度就会降低。如果他在过去几年中搬过十几次家，那么他在稳定性方面的得分就会受到严重影响。如果他在申请贷款之前不花时间一条条地阅读条款，那么他在谨慎性方面的得分就不会太高。然后有一整套算法来分析所有的数据，每个算法都在执行不同的分析任务。例如，其中一个算法会检查某些信息是否可能暗示着较大事件的发生，比如某人由于患病而没有及时还款。所有的分析结果都会换算成 0~100 的 ZestFinance 的信用分数。

这些复杂的算法使 ZestFinance 能够发现许多有趣的相关性。例如，公司发现，出于某种原因，全部使用大写字母填写贷款申请的人往往是风险较高的借款人。这样的发现使公司持续将违约率降低了几个百分点，从而有更多的资金来服务那些传统意义上不符合资格的客户。然而这里的重点是，ZestFinance 在批准了约 1/3 的借款申请的同时还能够解释它是如何做出贷款决策的。

当越来越多的公司利用人工智能系统来决定它们的行动，尤其是那些影响到客户的行动时，它们需要能够解释并证明这些决定的合理性。事实上，政府已经开始考虑在这方面制定规则。例如，定于 2018 年生效的欧盟《通用数据保护条例》有效地确立了"解释权"，即允许用户质疑和反对任何影响他们的决定以及纯粹基于算法做出的决策。

应用高级人工智能系统的公司需要专业的员工来解释复杂算法的内部运作情况。与此相关的专业人员之一就是"算法取证分析师"，他们的职责是让所有算法对其结果负责。当系统出现错误或其决策导致了意想不到的负面后果时，算法取证分析师必须能够解剖问题，找出原因并予以纠正。对于某些类型的算法，如应用了特定"如果—则"规则有序列表的"降级规则列表"算法，解释起来会相对容易一些，而像深度学习这样的算法就不那么简单了。尽管如此，算法取证分析师仍然需要经过适当的培训和拥有一定的技能来仔细检查企业部署的所有算法。

在这里，像 LIME（local interpretable model-agnostic explanations，局部可理解的与模型无关的解释）等技术可能会非常有用。LIME 不

在意公司实际使用的是哪种人工智能算法。事实上，它不需要知道任何关于该系统的内部运行情况。为了对任何结果进行解剖，LIME 会对输入变量进行细微改动，并观察它们如何改变决策。利用这些信息，LIME 可以突出显示得出特定结论的各种数据。因此，举例来说，如果一个人力资源专家系统已经确定了特定研发工作的最佳候选人，那么 LIME 就可以找出得出该结论的变量（比如教育背景和在某一狭窄领域的深厚专业知识）以及反对该结论的证据（比如没有团队协作经验）。利用这种技术，算法取证分析师可以帮助公司向其客户解释为什么有的人信誉度不高，或为什么某个制造过程会停工，抑或为什么某个营销活动只针对一部分消费者。

即使还不需要对结论进行解剖，公司也应该配备一名"透明度分析师"，负责解释某些黑箱运作的人工智能算法。例如，有些算法被故意设计为黑箱模式以保护自主知识产权，而另一些黑箱算法则源于复杂的代码属性或数据规模以及算法决策机制。[12] 透明度分析师的任务是使系统更加明晰，并对有关系统的可访问性的数据库或信息库进行维护。

该数据库对"解释性策略师"来说非常宝贵，他们负责针对特定程序应当利用哪些人工智能技术做出重要判断。这里需要考虑准确性和可解释性的关系。例如，深度学习系统提供了高度的预测准确性，但公司可能难以解释这些结果是如何得出的。相反，根据决策树预测的结果可能准确度不高，却有更好的可解释性。因此，举例而言，如果一个供应链在调度交付方面具有较小的浮动，那么用于优化该供应链的内部系统可能最适合利用深度学习技术，而需要经受大量监管和审查的健康护理程序或面向消费者的应用程序则可能更适合利用降级规则列表算法。[13]

此外，解释性策略师还有可能就某一特定程序得出结论，认为公司最好避免使用人工智能，而应当选择传统的规则引擎。在做出此类决定时，解释性策略师需要考虑的不仅仅是技术问题，还应包括财务、法律、道德等重要考量因素。

确保人工智能得到正确利用的维系者

2015 年，德国大众汽车工厂的一个机器人抓住了一名技术工人并对其造成了意外伤害，最终导致其死亡。这是一个悲惨的人命事件，它加重了社会对人类日益依赖的自动化工具的担忧。自从电脑承担了越来越复杂的任务，人们就越发担心机器可能会带来灾难。《2001：太空漫游》《终结者》等系列电影中所展现的情景都只是在以流行文化的形式引发大众的焦虑。事实证明，德国大众汽车工厂的这个机器人并不是恶意地转向并袭击那名工人。初期报告指出，该事件的起因是编程错误——换句话说，是人为失误。

虽然这个可怕的事故是一个极端的例子，但确保人工智能得到正确利用是最后一类新工作的主要职责，这个岗位就是"维系者"。他们必须不断地确保人工智能系统有益无害，以及其存在的意义是让人们的生活变得更加轻松。通过这项工作，维系者将帮助人们消除对机器人的恐惧，不再害怕它们有朝一日会拥有自我意识并统治人类，也不再担心这种反乌托邦的未来会降临在我们头上（见图5-5）。

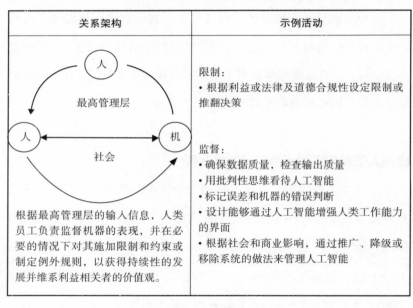

图5-5　维系者的工作

　　显然，要想确保复杂的机器人和其他人工智能系统能够按照预期运行，最佳方法之一是先做好设计工作。因此，公司需要具备专业知识且经验丰富的"环境设计师"。在开发新系统时，环境设计师会考虑到各种背景因素，包括商业环境、流程任务、个人用户、文化问题等，即使看似微不足道的细节也非常重要。当通用汽车公司和 Fanuc 公司在设计一种应用于制造业的新型灵活的协作机器人时，它们曾经纠结于给该机器人使用什么颜色的涂料。橙色似乎暗示着危险，黄色通常具有警示作用。最后，工程师最终决定使用一种他们称之为"安全绿色"的石灰色调。[14]

当然，即使设计良好的系统也会出现问题，有时候技术运行得太好也会导致意想不到的伤害。许多年前，著名科幻小说家艾萨克·阿西莫夫就列举了他的"机器人三定律"：

- 机器人不能伤害人类，或看到人类受伤而袖手旁观。
- 在不违反第一定律的前提下，机器人必须遵循人类的指令。
- 在不违反第一定律和第二定律的前提下，机器人必须尽力保护自己。[15]

1942 年，艾萨克·阿西莫夫在其发表的短篇小说《环舞》中介绍了这三条定律，直至今日仍然适用。但这三条定律仅仅是个起点，我们还有其他问题需要考虑。例如，当无人驾驶车辆发现一个孩子跑到了街上，它是否应该避开孩子而撞到旁边的行人呢？鉴于这些问题，设计和应用复杂人工智能技术的公司需要雇用"人工智能安全工程师"。他们必须尝试预测人工智能系统的意外后果，并避免紧急情况可能会造成的任何伤害性事件。

在埃森哲最近做的一项调查中，我们发现只有不到 1/3 的公司对其人工智能系统的公平性和可审核性有着高度信心。同时，只有不到一半的公司对其系统的安全性有这样的信心。[16] 此外，以往的研究发现，约有 1/3 的人对人工智能感到恐惧，并且近 1/4 的人认为这项技术会危害社会。[17] 这些统计数据显然表明，我们在继续使用人工智能技术的过程中需要解决一些基本问题，而这就是维系者的关键职责所在。

"道德合规经理"是最重要的岗位之一。他们将充当监督者和监察员的角色，以此维护大众认可的人类价值观和道德规范。例如，如果用于信贷审批的人工智能系统对申请者存在地域歧视，那么道德合规经理就要负责调查并解决潜在的道德或法律违规问题。其他类型的偏见可能更为微妙，例如，当有人查询"亲爱的祖母"时，搜索算法只给出白人女性的照片作为回应。在这种情况下，道德合规经理会与算法取证分析师进行合作，探究出现这些搜索结果的原因，然后执行相应的修复工作（参见表 5-1）。

未来，人工智能本身在确保高级系统遵守人的伦理道德方面将会发挥越来越重要的作用。佐治亚理工学院的交互计算机系的研究员马克·里德尔和布伦特·哈里森开发了一个名为 Quixote 的人工智能系统，该系统可以通过阅读简单的故事来理解道德规范——例如，不应偷盗。根据里德尔和哈里森的说法，该系统能够通过阅读人与人之间的互动故事学习人类价值观。这些故事反映了一种文化和社会背景，涵盖了"共享的知识、社交礼仪、正当和不正当行为的示例，以及应对逆境的策略"。[18] 通过阅读无数的故事，Quixote 了解了很多行为准则，例如，可以追求效率，但要考虑到不与其他重要事项相冲突。尽管有了这些创新方法，道德合规经理仍然需要监督并确保这些复杂系统的正常运行。

表 5-1　维系者需要考虑的事项

可解释性	必要时使用非黑箱模型，使中间步骤可以被解释，输出结果清晰，为流程提供透明度。
问责制	明确区分哪些决策交由机器完成，哪些决策需要人为干预，并说明在这两种情况下均由谁负责。
公平性	必须确保人工智能提出的解决方案不偏不倚，没有偏见。需了解决策做出的原因并防范数据偏差。
对称性	必须确保我们的数据对于他人和对我们一样都是一种资产。

即使人工智能系统在技术水平和道德要求上都能达标，但仍有可能对企业造成不利影响，因此公司需要雇用"自动化伦理学家"。他们将负责评估人工智能系统带来的非经济影响。人们对这些新技术的普遍接受程度是一个重点。当自动化程序赶上或是超越了人的表现时，企业员工自然会害怕失去饭碗。

在面对智能机器人时，人们的这种情绪尤其强烈。日本机器人专家森政弘在研究我们如何看待机器人时，发现了一种有趣的效应。随着机器人越来越像真人，我们对它的亲切感和同情心会逐渐增强，并在某个点停住。然后，当机器人变得更像人类时，我们会突然变得挑剔起来，机器人拥有的任何微小的缺陷都会令我们不满。然而，当这些缺陷固定下来，而且机器人与人类的区别变得更小时，我们对机器人的好感会再次增强，最终接近于人与人之间的共情程度。森政弘把这种突然的好感下降现象称为"恐怖谷"，这种现象可能会阻碍工作场所中的人机协作活动。[19] 自动化伦理学家要能够意识到这种现象。

一般而言，性能良好的人工智能系统应该得到推广，其变通版本可以应用到企业的其他部门。另一方面，性能较差的人工智能系统应该被降级，如果无法改进，就应当停止使用。这些任务都是"机器关系经理"的职责，这个工作有点像人力资源经理，只不过他们监督的是人工智能系统，而不是人类员工。他们将在"机器关系部门"工作，并定期对企业部署的所有人工智能系统进行性能评估。该评估将考虑众多因素，其中包括人工智能系统的客观表现以及各种软目标，例如努力践行企业的价值观：加强多样性，致力于改善环境，等等。

未来，可能会有"无领"阶级兴起

我们在本章提到的问题只是一个起始点。我们列出的只是一些伴随人工智能延伸到更多企业关键流程中的新岗位。它只是对未来众多新型工作岗位的一瞥。事实上，随着企业与其人机团队一起成长，它们必然会发展出自己独有的训练师、解释员和维系者。这些新型工作岗位表明，人类技能在缺失的中间地带具有重要性，要求领导者换一个角度来思考人机团队。（这是我们"五大关键原则"中的思维模式和领导力部分）例如，这些新型工作岗位都有各自的教育背景、培训和经验要求。共情能力训练师可能不需要传统意义上的大学学位，只要接受过高中教育并能够以同理心待人待物，他们就可以通过内部培训课程来学习必要的技能。许多新型岗位的出现可能会引领"无领"阶级的兴起，他们会从制造业和其他行业的传统蓝领工作中逐渐演变而来。

另一方面，像"道德合规经理"这样的岗位则需要员工具备高等教育背景和专业技能。例如，在本章前面部分，我们描述了各种人工智能的训练工作，而且前沿公司已经通过借鉴儿童发展心理学领域的技术对训练过程进行了适当调整。

作为最低要求，部署人工智能系统的公司需要重新思考它们的人才和学习策略，以便更好地吸引、培训、管理和保留这些人才。显然，人工智能将对企业的能力、策略和流程提出新的要求——不仅仅是在 IT 部门，而是贯穿整个企业部门。我们将在第七章更为详细地讨论相应的管理问题。毕竟，和许多新兴技术一样，来自人的挑战往往超过来自技术性的挑战。

第六章 个人增强时代，传统工作流程将被全面颠覆

人工智能释放新型生产力的三种方式

假如你想从头开始制作一把椅子，你就必须先创造一个宇宙。这件事不那么容易，对吧？我们从美国天文学家卡尔·萨根那里引用了这个想法。事实上，卡尔·萨根在这句非常有名的话里面提到的是烤苹果馅饼，而不是制作椅子，不过他的想法仍然适用。萨根的观点是，如果没有支撑它的自然法则，任何看似简单的任务都是不可能的。换句话说，每个苹果馅饼和每把椅子内都有一个物理学和数学的宇宙。幸运的是，在面包师和设计师的创造过程中，大部分有用的宇宙已经被创造出来。困难的任务——椅子的成分组合或椅子腿的角度——被隐藏了起来，成为可信程序的一部分，比如 CAD（计算机

辅助设计）软件。

　　但是这种可信程序和标准软件会不会在某种程度上抑制我们的潜力，阻碍我们创造出更新奇、更有趣，或者更优质的馅饼和椅子呢？如果我们能够制造出使人们再次开启宇宙的工具呢？如果这种工具能够帮助有创造力的人摆脱旧有习惯或传统智慧的束缚，而不必每次都需要创造宇宙呢？

　　这样的工具确实已经存在，欧特克软件公司使用算法设计的Elbo 椅子就是个很好的例子。Elbo 椅子是一件引人注目的家具，因为它既美观又与众不同。其简单的黑胡桃木架构突显了自然、有机的线条。椅子的两条前腿似乎是从底部生长出来的，并在与座位衔接的地方缓缓地向后弯曲，形成光滑、倾斜的扶手，然后和单面板的水平椅背相结合。两条后椅腿似乎也是从地面生长出来的，然后在座位的地方分别向前伸出并分成三根较细的枝杈：两根枝杈支撑扶手，一根支撑椅背。座位和扶手的连接点附近有着微妙的曲折与起伏，使椅子看起来更加贴近自然，就好像一棵有智慧的树被要求为人们设计一把椅子一样，而这就是树的创意。

　　但比美学效果更引人注目的是，Elbo 椅子的造型是设计师结合人工智能软件设计出来的。欧特克软件公司负责设计 Elbo 椅子的团队使用了 Dreamcatcher（捕梦者）软件的生成设计功能来破解之前无法实现的设计空间——数百种可能存在的椅子形状——同时始终

遵循精准的工程规格。座位距离地面 0.5 米，并且结构需要承重 176
公斤。椅子的设计灵感来自家具设计师汉斯·韦格纳的圈椅和著名的
Lambda 椅子。机器学习驱动的生成设计以两把椅子的混合模型为起
点，并生成大量符合工程标准的令人意想不到的形状。在这个过程
中，设计造型不断发生演变，仿佛椅子本身就是一个不断演进的生物
系统。而设计师就成了策展人，他们凭着独特的审美品位和直觉偏好
从成千上万的椅子中选择出最满意的造型。设计师最终选择的是 Elbo
椅子，因为该造型比团队设计的原始模型所需的材料减少了 18%。[1]

欧特克软件公司的首席技术官杰夫·科瓦尔斯基表示，用生成设
计软件来辅助设计是一种全新的设计方法，"这些技术不是一种威胁，
而更像是超能力。"[2]

这的确是超能力。突然之间，设计师看到了以往可能想象不到
的新颖设计方案，拥有了前所未有的设计空间和全新的选择范围。这
些计算机生成的设计方案可能会进一步激发设计师的想法。然而，当
机器完成了主要的创意工作时，人类设计师将扮演一种什么样的角色
呢？在这种情况下，他们将成为人工智能设计助手的操作员、策展人
和指导者，使设计流程得以重构。

欢迎来到缺失的中间地带的右侧（见图 6-1），即机器增强人类
能力的区域。人工智能工具增强了各个领域（从设计到医药、工程，
再到工厂车间）中的人员能力，其增强方式有很多——从增强现实、

虚拟现实到分析引擎，再到机器人手臂和聊天机器人。但是人工智能赋予或增强人类工作能力的意义是什么呢？在工作场所引入人工智能的做法与企业已经采取的设备和技术管理（比如在新员工入职培训期间为其提供笔记本电脑、软件和登录信息）有何不同？本章认为，人工智能工具不仅可以实现日常工作任务的自动化，而且创造了人与机器之间的共生关系，颠覆了标准的工作流程。在缺失的中间地带中的这些混合式新角色、新关系为管理者提供了全新的视角来重构业务流程，增强员工的能力。

领导	共情	创作	判断	训练	解释	维系	增强	交互	体现	处理	迭代	预测	适应
人类专门活动				人类弥补机器的不足			人工智能赋予人类超强能力			机器专门活动			
				人机协作活动									

图 6-1　缺失的中间地带

目前，人工智能重构业务流程的方式涉及三大类别的协作功能：增强、交互和体现。

就"增强"功能而言，人工智能通常利用实时数据为人们提供由数据驱动得出的卓越见解。这就好像你的大脑在运作一样，但是它比你大脑的功能还要强。

Elbo椅子的例子展现了人工智能增强人类能力的可能性：生成设计软件开发的设计空间超出了人们的想象范围。有的企业正在使用能力增强工具来分析客户在 Facebook 和 Twitter（推特）上与公司员工交流时的情绪，并向公司员工提供叙述写作建议，以及对在线评论进行协调，使互联网交谈更具建设性，更加文明。某些医药公司正在利用人工智能的增强功能来监控药品发放后的质量管理。放射科医生可以借助一种软件，该软件能够学习他们悬挂 X 光片的方式，并以易于查看的形式为医生提供病人的健康数据，从而加快并提高诊断的准确性。这些工作人员都在使用人工智能来提高他们的活动和决策过程的效率。

就"交互"功能而言，人工智能通过高级界面（如语音驱动的自然语言处理程序）来促进人与人之间的交流互动。这些人工智能代理通常在设计过程中被赋予不同的人性特征，并且可以大规模运作。也就是说，它们可以同时帮助很多人。人工智能代理通常发挥个人助理和客服的作用。IPsoft 的服务台代理 Amelia（在第二章介绍过）就是在交互领域中运行的一种人工智能代理。

第三类是"体现"功能。尽管人工智能软件基本上都有增强和交互功能，但在某些情况下，使用界面几乎都是隐形的，而"体现"功能则体现了有形的实体空间。人工智能与传感器、电动机和执行器的结合使机器人可以与人类共享工作空间并现场协同完成工作。这些机器人在工厂车间和仓库里与工人一同工作，它们可以是机器人的附件，也可以是搬运包裹的自动推车和传送药品的无人机。

尤其是在汽车公司，人工智能在最先进的生产线上发挥着"体现"功能。由于有了具备环境感知能力的轻型机器人手臂和能够与生产线工人密切合作的"合作机器人",因此制造商可以对以前的静态流程进行重构。同时,工作人员在与这些智能机器进行协作时承担了新的职能,并且企业可以针对它们为客户提供的各种产品做出多样化的适应性选择。

通过缺失的中间地带中的所有这三种功能——增强、交互和体现——公司不仅增强了员工的能力,还获得了一种管理业务的全新思维方式。人工智能的增强功能使员工能够从事更多人性化的工作,而减少一些机械化的任务。随着人类从事的某些工作逐渐转移到机器身上,人们可以在人工智能助理的帮助下执行各类工作,并且公司可以围绕全新的人机关系重构业务流程。更重要的是,基于增强功能的新型人机关系对人机界面有新的要求,什么样的用户界面将在缺失的中间地带占据主导地位?人工智能将成为新的用户界面吗?增强功能如何影响你所在的行业?本章列举了一些公司,这些公司已经利用机器赋予的超级能力对流程进行重构,并解决了上述问题。

增强型人工智能如何提升我们的能力和工作效率

Dreamcatcher 软件利用遗传算法迭代得出了产品可能的设计方案。这是个很好的例子,它展示了智能代理如何帮助员工重构他们的工作流程。一般来说,当设计师想要制作一个新的物件(椅子、自行车把立、飞机隔板）时，她首先要进行研究，得出基本构思，然后反复修改草图、计算机模型和物理原型。在迭代过程中，设计师要进行脑力运算，相当于定性预测任务，从而在某个方向推进设计（见图 6-2）。

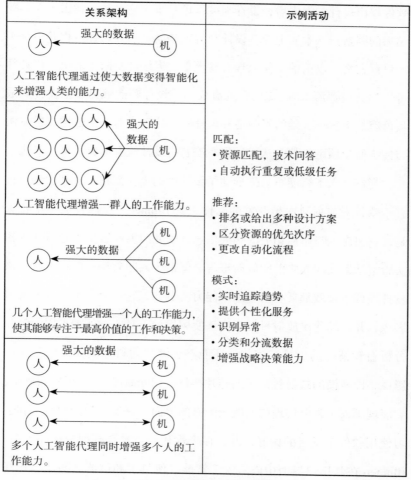

关系架构	示例活动
人 ← 强大的数据 — 机 人工智能代理通过使大数据变得智能化来增强人类的能力。	
人 人 人 人 人 人 — 强大的数据 — 机 人 人 人 人工智能代理增强一群人的工作能力。	匹配： • 资源匹配，技术问答 • 自动执行重复或低级任务 推荐： • 排名或给出多种设计方案 • 区分资源的优先次序 • 更改自动化流程
机 人 ← 强大的数据 — 机 机 几个人工智能代理增强一个人的工作能力，使其能够专注于最高价值的工作和决策。	模式： • 实时追踪趋势 • 提供个性化服务 • 识别异常 • 分类和分流数据 • 增强战略决策能力
强大的数据 人 ↔ 机 人 ↔ 机 人 ↔ 机 多个人工智能代理同时增强多个人的工作能力。	

图 6-2　工作能力的增强

人工智能可以把脑力运算的任务移交给软件来完成，从而可以重构设计流程，使其可以更多地关注人的创造力和审美观。在这里，设计人员首先要设置参数，然后软件会根据参数迅速推进迭代过程。在软件得出设计方案之后，设计师可以进一步优化参数，找出可能影响结果的因素。从本质上看，设计师的任务就是引导设计过程并最终确定设计方案。以前的工作流程有些繁重、迟缓和受限（取决于设计师可用的其他资源），而在现在的流程中，设计师能够更多地发挥其最具价值的本领——她的判断力和设计感。这种具有适应性的有机方法与传统的受预定步骤的迭代过程所控制的设计流程形成了鲜明对比。

当然，人工智能不只是推动了设计师的工作流程。飞利浦公司就有一款针对放射科医生开发的软件工具 Illumeo，该软件的一个特点是，它包含了与影像相关的病人信息，因此放射科医生不必再去寻找实验室结果或病人之前的放射报告。但最令人印象深刻的或许是，该软件在许多领域都具有情境感知能力。例如，它可以识别和分析放射影像，并自动建议放射科医生应该使用何种工具——例如可以测量和分析血管情况的工具。该软件还能够了解放射科医生如何理解这些影像，即所谓的放射科医生的挂片协议。Illumeo 是一个很好的例子，它展现了人工智能代理如何融入既有的界面——比如静静地观察和学习使用软件工具者的偏好，并将该个性化信息整合到用户体验中去。Illumeo 在其用户界面中嵌入人工智能，使员工和机器之间能够相互适应，并逐步改善人机关系。[3]

到目前为止，我们都在关注工作能力的增强，由于人工智能增强了用户界面的功能，因此该领域的工作人员也会从中受益。特别是可以增强现实体验的人工智能工具（如智能眼镜）正在重新构建维护工作和现场培训的模式：眼镜中包含的数字信息和指示可以增强工作人员的能力。

在一家全球性的工业服务公司中，以往技术人员在为风力涡轮机的开关箱布线时通常都需要在开关箱和纸质说明书之间来回切换。但是，通过增强现实技术实现的平视显示器可以在技术人员的工作区上方直观地把说明书投射出来。与传统的说明书相比，基于增强现实技术的头戴式设备被第一次使用时就令技术人员的能力提升了34%。该技术使员工无须花费时间来强化或训练新的技术，就可以立即提升工作效率。波音公司使用的类似应用程序使其工作效率提升了25%，并且其他案例也显示该技术使公司的平均生产率能够提升32%。[4]

交互过程中的智能问答机器人

我们在第二章首次提到的 Aida 是瑞典北欧斯安银行的虚拟助理程序。瑞典北欧斯安银行一直在对 Aida 进行训练与测试，并且有足够的信心使该系统成为业务流程的一部分，来与其 100 万名客户进行直接互动。目前，Aida 是连接瑞典北欧斯安银行客户的第一站。该软件可以回答常见问题，指导用户在内部系统中完成某个流程，执行相关操作，并跟进提问以解决用户的问题。最关键的一点是，当Aida遇到不太确定如何回答的问题时，就会连接人类专家予以解答，并且能够从人类专家与客户的交互过程中进行学习（见图6-3）。[5]

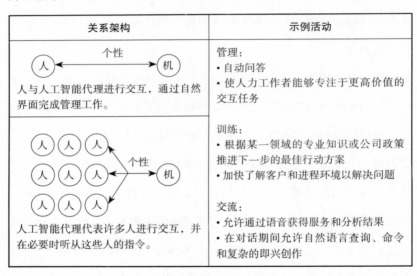

关系架构	示例活动
人与人工智能代理进行交互，通过自然界面完成管理工作。	管理： • 自动问答 • 使人力工作者能够专注于更高价值的交互任务
人工智能代理代表许多人进行交互，并在必要时听从这些人的指令。	训练： • 根据某一领域的专业知识或公司政策推进下一步的最佳行动方案 • 加快了解客户和进程环境以解决问题 交流： • 允许通过语音获得服务和分析结果 • 在对话期间允许自然语言查询、命令和复杂的即兴创作

图6-3　人机交互工作

空中客车公司应用的人工智能

空中客车公司的设计人员使用Dreamcatcher软件重新设计了一种将客舱与A320（飞机型号）舱内的厨房分隔开来的隔板。工程师希望隔板能够轻便一些（为了节省燃料，减少飞机的碳足迹），但强度足以固定两位空乘人员的折叠座椅。设计人员在计算机屏幕上通过软件循环查看了数千种各式各样、意想不到的隔板内部结构的设计方案。最后，工程师选择了其中一个结构看上去最怪异的设计。最终设计出来的隔板不像那种专业的实心板，而更像是儿童画本中的涂鸦，但同时仍符合强度、重量和可制造性的标准。

隔板的结构之所以看起来很奇怪，一部分原因是遗传算法采用了基于生物构造的起始模式，这和 Elbo 椅子的设计有些类似。该隔板设计模仿了黏菌类物质的特征和哺乳动物的骨骼生长特点，因为黏菌可以有效地连接到多个接触点，而哺乳动物的骨骼在接触点生长得比较致密，其他地方则轻盈透气。尽管最终的隔板结构看起来像是随机散列的线条，但是其在优化后不仅承重力强，质量轻，还可以最大限度地降低用料，工程师成功将其建造了出来。空中客车公司的工作团队利用 3D 打印技术打印了 100 多个由高强度金属合金制成的分隔件，并将它们组装在一起。经过压力测试和航空管理局的认证测试后，预计新的隔板可以在 2018 年应用在飞机上面。[1]

当然，交互代理的应用不止于此。随着自然语言处理技术的发展，越来越多的交互代理被嵌入既有流程当中，例如微软的 Cortana，

---

[1] "Reimagining the Future of Air Travel," Autodesk, http://www.autodesk.com/customer-stories/airbus, accessed October 25, 2017.

纽昂斯通讯公司的聊天机器人 Nina（尼娜），以及 IBM 的自然语言人工智能系统"沃森"（用于银行业务、保险、旅行、健康等各种应用程序）。例如，埃森哲的 Alice（艾丽斯）就是利用"沃森"来回应一般请求的人工智能代理，而 Colette（科利特）是另一款基于"沃森"的虚拟贷款顾问，可以回答购房者提出的有关抵押贷款的问题。

交互代理不一定只是手机上的语音助理或电脑屏幕上的图标，还有一些实体形式的代理。到目前为止，大多数人都很熟悉亚马逊的 Alexa，谷歌的 Google Home（智能家居设备）和苹果公司的 Siri 等面向消费者的自然语言产品。但是交互代理不止这些，BQ Zowi 就是一款最初专为儿童设计的深蹲式桌面机器人，其开放性结构和可重新编程能力使其可以另作他用。目前，它可以通过聊天机器人回答银行客户的一些问题。同样，小型智能人形机器人 Nao 可以利用 IBM "沃森"的问答服务来回答有关银行业务、旅行和健康的问题以及关于公司系统、应用程序和产品的技术疑问。

在这些交互示例中，软件或机器人代理可以访问大量的数据，并使用自然语言界面快速访问和传播这些信息。需要同时满足众多客户需求的公司可以从缺失的中间地带中的交互模式中受益。当人机交互过程中没有理解障碍时，交互程序就可以改变客户服务流程（不仅在客户服务中心，而且在销售点和客户家里），并减轻以往烦琐、重复的工作任务。一旦完成这项工作，管理层和领导层就可以针对不寻常的、有意思的、更细致的客户服务情形重新设计员工的工作流程。

合作机器人解除了就业限制

"增强"和"交互"在缺失的中间地带中都能够增强人类大脑的功能。"体现"功能则注重于体力强化。在制造业中经常可以看到这样的例子，例如德国西南部的梅赛德斯–奔驰制造工厂。该工厂每天要处理 1 500 吨钢，每年产出的汽车有 40 多万辆。看到这些庞大的数字，你可能希望能有一个由高效机器人来控制的装配线，并尽可能地减少一些人员配置。但该公司正在弃用一部分机器人，而且其重新设计之后的流程将以人为中心。可见汽车装配线正在发生变化（见图 6-4）。

关系架构	示例活动
体力辅助 人 ← 机 人与机器人合作，以强化体力或指导能力。	引导和扩展： • 围绕人和自动化机器进行自我指导 • 延伸视线、听力或触觉 在实体空间进行合作： • 协助人类完成精密、艰苦或日常的体力工作

图 6-4　以人为中心的工作流程

这种变化的驱动因素是定制汽车的兴起。你现在就可以联网并从一组广泛的特征数据中选择你下一辆车的功能。装配线上只生产同一个型号的汽车的时代已经一去不复返了。即使根据三种标准配置（车身电子稳定系统，侧气囊，倒车影像）来制造汽车的模式在美国很普遍，也无法改变客户流失的事实。

随着汽车制造业发生如此之大的变化，快速组装汽车的唯一途径只能依赖于人类员工的回归。"我们不再试图最大限度地提高自动化水平，而是让人再次在工业流程中占据更大的比重，"梅赛德斯－奔驰负责生产与供应链管理的董事马库斯·谢弗这样说道，"当我们让人与机器协同工作时，比如由人来引导一部分的自动化机器人，我们就有了更大的灵活性，可以在一条生产线上生产更多多样化的产品，而多样化的操作单靠机器是无法独立完成的。"[6]

与其将制造工厂分成一个重型机器人分区（为了安全起见，重型机器人通常被围栏隔离以免伤到人类员工）和一个工人分区（该区有工人灵巧地摆弄电线并执行更为微妙的任务），一种新型的合作机器人使人和机器人能够并肩地工作或合作。这些机器人都配置了具备逐步学习功能的智能软件和能够适应当前的情况并对人类活动做出反应的传感器。在实践当中，这意味着机器人承担着重复、精密及繁重的工作，而人则运用自己的智慧和灵活度进行作业。合作机器人以这种方式直接增强了工人的体能。

麻省理工学院的研究证实，这种人机协作可以有效地改进业务流程。在对梅赛德斯－奔驰的竞争对手宝马公司进行的一项研究中，研究人员得出结论，汽车制造工厂的人机协作模式比单独的人或机器人的生产力高出 85% 左右。[7]

在梅赛德斯－奔驰的制造工厂，一名工人利用一个带按钮的控制台和一个视觉显示器来指导机器人手臂抓起一块用作固定汽车后备厢置物板的厚重钢楔。配备了传感器的机器人可以感知周围环境。当有人挡在前面或汽车位置不佳时，机器人内置的软件系统会迅速向机器人驱动器发送指令，做出相应调整。这种合作机器人系统由工人进行操控并指导每辆车的制造过程，从而减轻了工人的体力劳动，使其更像是一个指导员，而机器人则成为工人身体的一个延伸。[8]

合作机器人的方案很适合制造业，因为它使流程具有灵活性和适应性，并且对人类员工似乎也很友好。赛威传动是一家电机制造商，该公司一名与合作机器人协同工作的工人描述了他的工作环境："这更加令人满意了，因为我正在操作整个系统，而过去我只是负责流程的一部分。"[9]

合作机器人也符合人类工程学。在南卡罗来纳州的一家宝马工厂，工程师分析了它们的汽车制造流程，以了解轻型机器人手臂如何适应由人主导的生产线。他们发现，固定门板（用于保护电线）的工作最好由生产线上的合作机器人来完成。这项工作以前是由工人来完成的，所以很容易造成手腕扭伤。更重要的是，相比于其他任务，工人在完成这项任务时的工作表现不太稳定。[10]

现在，只要一个人松散地装上门板，然后门板就会沿着装配线移动到合作机器人旁边由其完成工作。该合作机器人配置了相机和其他传感器，因此当有人接近时它可以感知到。传统的工业机器人是在不能感知周围环境的情况下反复执行设定动作的，而宝马工厂的合作机器人巧妙地避免了与人碰撞或阻挡他人前行的情况。此外，这些机器人可以由不懂编码技能的非程序员通过平板电脑进行重新编程。由于它们很轻便，因此可以根据需要将其移动到仓库的任何地方并执行各种任务。[11]

人机系统可以延伸人的工作能力，减轻他们的体力劳动，并降低受伤概率。突然之间，工厂的工作不再只是身体强壮的人才能胜任了。正如许多制造商正在利用的人机系统所示，机器的"体现"功能正在开辟更多的就业机会：在合作机器人的协助下，一些可能因为年龄或身体状况而被排除在外的人也可以从事体力劳动了。

仓库里也出现了类似的协作场景。在亚马逊的配送中心，摆满商品的货架似乎可以独自沿着仓库通道向等待配货的工人方向滑行。这些货架由自行滚动的机器人搬运到工人那里，然后工人从货架上取下物品并放入箱子进行运输。计算机视觉可帮助机器人获知它们在仓库中所处的位置，传感器可以防止它们相互碰撞，而机器学习算法可以帮助它们在满是其他机器人的仓库中确定最佳路径和正确路线。工人不再需要每天走上几英里来取货打包了。

在另一个"体现"功能的示例中，无人机正在进行测试，以根据需要将卫生保健物品送至远离传统医疗地点的卢旺达的偏远地区。一家名为 Zipline 的无人机初创公司开创了这项技术，通过运送输血用血来帮助该地区对抗一种导致死亡的产后出血症。[12]

人工智能应用于无人机的方案特别有意思：计算机视觉和智能算法可以对视频进行实时处理，使人们能够将视觉和运送能力延伸到空中和数英里以外可能无法通行的地方。

"无国界医生"（doctors without borders）是一个类似于 Zipline 的项目，它曾经尝试使用来自 Matternet（马特奈特）公司的小型四轴无人机。该无人机将来自巴布亚新几内亚偏远医疗中心的疑似结核病患者的实验室样本带到了一家大型医院进行检测。[13] 另一家名为"援助之翼"（wings for aid）的组织正在使用无人机在难以到达的地区投放抵抗自然灾害的救援物资。[14]

至少在短期内，人机协作似乎是最高效的工作方式。机器人擅长抬举重物，并且在执行重复任务时表现出色。人类善于随机应变，做出判断，以及手动操作电线、纺织物或其他不易摆弄的材料。两者的合作正在改变着企业看待工人和工作流程的方式。

从任务更替到流程变更

在缺失的中间地带的右侧，我们可以从"增强、交互和体现"这三类功能中看到，人工智能极大地改进了我们的工作方式，赋予了我们新的能力。而在缺失的中间地带的左侧，"训练、解释和维系"这三类功能凸显的是工人提高人工智能效率的方式。我们将左右两侧相结合，就会看到即将到来的转变。

为了挖掘人机协作的全部潜力，企业需要认识到，要想利用这6种新的功能，就要对业务流程进行彻底重构。特别是当设计师可以从成千上万个出人意料并且不同寻常的椅子设计方案中进行选择时——所有这些设计都符合重要的结构要求——人工智能打开了一系列以前未曾开启的创意之门。当汽车制造商重新设计工厂车间以便人员和机器人可以协同工作时，人工智能不仅大规模地推进了高度可定制化汽车的开发（这个过程中还需要设计师具备相关的培训经历与技能），而且实质上已经将装配线变成了一个协作式的人机工作场所。

在某些情况下，就像技术人员在风力涡轮机中的开关箱中布线时佩戴了平视显示器的情况一样，这些创新方案可以减少 1/3 的工作时间。但在其他情况下（例如第二部分中提到的 Stitch Fix 公司），全新的商业模式正在人工智能技术背后兴起。当人工智能增强了员工的能力时，我们看到的不仅是小幅增收或效率提升，还是更安全、更有参与感的员工在做他们最擅长的工作。在企业当中，人工智能的增强功能为企业重新思考业务流程，挖掘隐藏收益，提升员工士气，并发现全新的商业模式开辟了可能性。但是，部署这些创新方案的公司有什么样的管理启示呢？你如何训练员工接受这种新的交互工作模式呢？我们需要什么新技能才能实现与人工智能的良好合作？在下面两章中，我们将以"五大关键原则"的视角来看待这些问题以及相关事项。第七章将着重讲述"五大关键原则"中的思维模式、实验、领导力和数据部分，第八章将专注其中的技能部分。

第七章　管理图的重新定位

重构业务流程的 5 项措施

在前两章，我们已经对缺失的中间地带进行了深入探究。在这个地带的一侧，人类正在建造和管理机器，而在另一侧，机器正在增强人类的能力。缺失的中间地带这个概念可以进一步帮助我们思考：在人工智能时代，人和机器该如何更加高效地协同工作。重构业务流程的环节将起到至关重要的作用。但是，我们仍然面临着巨大的问题：重构业务流程的具体步骤是什么？管理者应该从何入手？

基于我们对应用高级人工智能技术的前沿公司所做的观察，我们发现了 5 个关键的管理措施。虽然我们仍然处于人工智能驱动企业转型的初期阶段，但我们相信这些措施可以为企业提供一条前行的道路。这 5 项措施都是前言中提到的"五大关键原则"框架的组成部分。我们接下来将对前 4 项措施进行重点探讨：

• 管理者应树立正确的思维模式，不仅要注重改进业务流程，还要彻底地重构业务流程和工作方式。

• 管理者需要积极地进行人工智能实验，以便快速了解如何通过技术改革流程，以及改革哪些方面可以扩大流程的规模和范围。

• 管理者必须发挥适当的领导作用，提升人工智能的可靠性，妥善处理人工智能引发的信任、法律和道德问题，并考虑到一些流程发生变化后可能产生的社会后果。

• 管理者需要认识到数据的重要性，这些数据不仅包括公司内部的人工智能数据，还包括广义的可用数据。

简而言之，本章重点介绍的是"五大关键原则"中的"思维模式、实验、领导力和数据"部分（下一章我们将重点介绍"技能"部分）。我们将举例说明一些前沿公司如何实施上述 4 项措施，并在此过程中为管理层和领导层提供相应的指导，以通过人工智能促进企业长期发展。我们的框架超越了 IT 和企业转型过程中的常见做法，尤其是涉及了高级人工智能以及伴随此类人工智能产生的各种问题，其中包括一些容易被忽视的问题，如企业文化、道德、消费者的信任和员工的信任等。

思维模式：寻找新的突破点

　　流程的重构需要一种完全不同的思维模式——"在习以为常的世界中寻求突破"，这里借用的是技术研究员肖莎娜·祖波夫的一句话。[1]这种超越常规的"突破"可以帮助企业开发全新的业务模式并通过创新改变游戏规则。也就是说，如果人们只是在现有流程的基础上使用人工智能来实现流程的自动化，那么他们最多只能取得渐进式的发展。要想实现阶段性的飞跃，他们需要寻找突破点，也就是完成工作的新方法，然后想办法通过人工智能将其付诸实践。为了实现这一目标，我们建议管理者采取如下所述的三步法：发现和描述、共同创造、扩展和维系。

第一步：发现和描述

　　在试图重构某一流程的时候，人们很容易墨守成规，从而很难设想出新的可能性。为了避免这种情况，他们应当始终牢记传统业务流程与人工智能时代业务流程之间的差异。我们的研究表明，变革结果不再是呈线性增长，而是呈指数级增长。变化不再是人为主导的偶然事件，而是基于人和机器实时输入的数据做出的自适应调整。工作不再局限于人类的专门岗位和机器的专门岗位，还必须包括缺失的中间地带里的人机协作岗位。决策的制定不只是人类的专属活动，还会在人机协作领域发生。

通过这个新的视角，管理者可以着手寻找并描述流程重构的可能性。一种有效的途径是采用设计思维或共情设计等方法来识别或处理用户对产品的真实需求。其目标是将客户体验转化为新颖的产品或服务以满足这些需求，而客户体验中产生的任何"痛点"都是要重点解决的问题。管理者首先要识别问题所在，然后再通过人工智能和实时数据来寻求问题的解决方法。在以往的技术条件下，许多痛点可能无法实际得到解决甚至根本没法解决——解决方案的成本过高或技术水平达不到。但如今有了高级人工智能技术，企业现在已经有能力解决那些过去困扰它们的痛点。

一个机构的内部和外部可能都需要进行流程重构。其中痛点可能存在于烦琐的内部流程中（例如，人力资源部门需要花费大量的时间来安排员工岗位），或者存在于令人懊恼且耗时的外部流程中（例如，客户必须提交多份文件才能从保险公司获得医疗赔偿）。通常，确定流程何处需要重构是一个需要反复实践的过程。

例如，一家大型农业公司正在开发一个人工智能系统，用以帮助农民改善作业条件。该系统可以获得来自各种渠道的海量数据，包括有关土壤属性、历史气候等信息。该公司最初的方案是建立一个应用程序，以帮助农民更好地预测下一个季节的作物产量。然而，通过进一步的研究和观察，该公司了解到人工智能系统可以解决一个更为紧迫的问题：农民非常需要具有适时调整性的实时推荐方案。他们需要可行的具体建议，比如种植哪些作物，在哪里种植，土壤的氮含量应该为多少，等等。在发现了农民的真正痛点之后，该公司开发了一个系统并在大约 1 000 块田地里对该系统进行了测试。最终的结果令人振奋，农民对作物的产量都很满意。该初始测试获得的数据随之也被用来改进算法。

上述案例说明，流程的重构需要一个很长的识别过程——管理者必须掌握当前的业务环境，从各种观察结果中提取信息，并认识到在流程重构之后会对潜在价值有何影响。一位负责研发作物推荐系统的工作人员表示："你需要充满好奇心，并且极具耐心，确保你已经掌握了足够的专业知识，并对现有的数据有足够的了解。"

这里要指出的是，人工智能在增强人的观察能力方面具有强大的作用，它们可以发现之前隐藏在数据中的模式和规律。例如，一位管理者可以使用高级机器学习算法来筛选数百个数据源（包括客户电子邮件、社交媒体上的帖子），以确定如何最有效地通过流程重构来消除客户的主要痛点。在第三章，我们讨论了如何使用人工智能来提升公司的观察能力。

第二步：共同创造

找到流程重构的契机是一回事，实现流程重构又是另外一回事，这个过程还要求我们具备一种能力，那就是设想如何在缺失的中间地带进行工作。为了开发新的思维模式来开展工作，管理者应该鼓励所有的利益相关者都参与到共同创造的过程中来。

例如，假设你是奥迪经销商的技术人员，并且遇到了无法解决的发动机问题。接下来你会拨打奥迪的美国技术求助热线。"这条热线每月都要接听来自全美 290 多家经销商的约 8 000 个求助电话。大多数时候，远程技术专家可以通过电话帮助对方排除故障。但在大约 6% 的情况下，还是需要技术专家亲自前往经销商处解决问题，"奥迪产品质量和技术服务总监杰米·丹尼斯说道，"这种解决方案很有效，但是效率不高。途中可能要花费两个小时至两天的时间，而且在此期间，客户只能等待。"[2]

问题在于，我们对技术专家的需求在短期内不会消失。尽管汽车的性能越来越可靠，但其数字系统变得越来越复杂，这意味着机修工现在还必须掌握 IT 技能。汽车的可靠性和复杂性的同步升级意味着，大多数经销商处的技术人员都不太可能解决新型汽车中出现的一些挑战性更强的技术问题。虽然这可以说明为什么客户有时需要等待几个小时（或几天）才能获得汽车维修服务，但不能缓解客户的沮丧情绪。那么，培训机修工的最佳方法是什么？是否有更好的方法让技术专家协助远距离的经销商解决问题，以最大限度地缩短客户的等待时间？

奥迪通过在缺失的中间地带进行共同创造找到了答案。该公司部署了一个由远程临场机器人（Audi robotic telepresence，ART）组成的机器人队伍，这些"机器人助理"不仅能帮助技术人员进行诊断和维修，更重要的是可以缩短维修所需的时间。在这个案例中，全新的流程当中加入了人工智能支持的培训环节，并以此增强了员工能力。远程临场机器人使技术专家无须亲临现场，就能够通过其身上的扬声器和高分辨率显示器横跨千里传递他们的声音和表情。当现场的技术人员打开引擎盖查看情况时，旁边的远程临场机器人可以在远程办公室里技术专家的遥控下滚动、旋转、看、听和移动。远程临场机器人身上配备了各种视觉传感器，以确保移动时的安全操作，从而建立了人机协作的信任感。此外，人工智能可以为技术专家和技术人员之间的视频和语音通信提供网络支持，从而加强了机修工和远程临场机器人之间的协作。当机修工把内窥镜放入发动机气缸以检查损耗时，就好像他的旁边站着一位技术专家，能够实时提供有关改进诊断和维修技术的建议。经销商处的技术人员可以即时学习，专家知识可以覆盖全美的维修工作，并且客户的车子可以更快地被修好。这种创新的解决方案通过共同创造（涉及技术专家、机修工和人工智能技术人员）成为可能。在整个试点项目中，标准协议得到了修改，技术人员通过提供持续的反馈来帮助机修工。

第三步：扩展和维系

重构流程的最后一步要求管理者对解决方案进行扩展并通过不

断做出改进来维系方案。例如，奥迪于 2014 年 6 月开始实施远程临场机器人的实验性试点项目，该项目在美国 68 家经销商处得到实施。由于这一举措取得了成功，该公司计划在 2016 年年底之前确保公司遍布全美的所有经销商都能够应用此款机器人。[3] 另一种方法是，首先在内部员工中进行测试，再面向外部客户推行新的系统。瑞典北欧斯安银行在开发其虚拟助手 Aida 时就采用了这一策略。如第二章所述，该银行在将 Aida 推向百万客户之前，首先在其服务台代理中应用了这一程序，用以协助 15 000 名银行员工的工作。Amazon Go（亚马逊无人便利店）也使用了这一策略，我们将在下一节进行讨论。

实验：先行一步，大胆设想

在西雅图有一家便利店，你进店后可以抓起一瓶青苹果汁，拿了就走，没有收银员会拦着你。你甚至不必费时经过自助结账机，摄像头可以拍摄到你和其他购物者以及你从货架上取下的物品。你的果汁瓶上带有嵌入式的传感器，可以与你的手机连接，并从你的账户扣除货款。就这样，购物流程自动完成。这家便利店的名字叫作 Amazon Go。在 2017 年 3 月之前，该店只服务于亚马逊的员工——主要是为了证明一个概念：在实体店购物也可以像在亚马逊网站上点击购买选项一样简单。[4]

Amazon Go 显然是一个大胆的零售实验，这个例子也突出了另外一些东西：亚马逊营造了一种实验文化。在这种文化中，疯狂的想法有了生长的空间，各种测试项目也受到资助、得以运行。虽然许多测试都未能取得成功，但这不是重点。"我在亚马逊网站上有数十亿美元的项目都以失败告终，"杰夫·贝佐斯说，"重要的是，那些不愿继续尝试或害怕失败的公司最终都会陷入这样一种境地，它们在公司最后的存亡时刻只能押注于神的助佑。我不相信这种赌上公司命运的做法。"[5] 相反，贝佐斯坚信实验的非凡力量。有关零售业的另一个实验示例，请参阅专栏《受控的混乱》。

支持 Amazon Go 的技术——计算机视觉、传感器融合和深度学习——正处在不断发展之中。这些系统的局限性包括，摄像头难以追踪散置的水果和客户手里的蔬菜，并且难以识别将帽子拉得很低或用围巾遮住了面部的客户。Amazon Go 在西雅图接受测试期间，这些无意或有意的行为都骗过了系统，但推动技术前进的唯一途径是在其边缘地带进行探索。因此，为了确保系统操作无误，亚马逊专门聘请了人员对视频和图像进行监视和扫描，以确保相机能准确无误地跟踪物品和向客户收费（这些人员是不是有点像训练师和维系者呢）。这家商店就是一个由人参与其中的自动化流程示例，其目标是在向广泛的客户群体推行系统之前改进系统，以增强其准确性和自动化程度。

受控制的混乱

沃尔玛的 8 号店是一个"孵化器"。在这里，工程师和创新者可以测试与沃尔玛业务相关的新技术，如机器人技术、虚拟现实、增强现实、机器学习以及其他各种人工智能。根据 2017 年 3 月的消息，8 号店将在许多方面和其他的创业孵化器一样运作，不断地测试各种想法并在失败与尝试中帮助企业树立"支点"。根据电子商务初创企业 Jet.com（沃尔玛于 2016 年以 30 亿美元现金和价值 3 亿美元的沃尔玛股票收购了这家公司）的创始人马克·洛尔的说法，8 号店中的业务与创新将受到其他机构的规制，但会得到世界上最大的零售商的支持。[①] 换句话说，它拥有大公司的财务资源，却不被大公司的企业文化所桎梏，具有创业自由度。8 号店计划加强与外部创业公司、风险投资者和学者之间的合作，共同开发一系列专有的机器人技术、虚拟现实、增强现实、机器学习和人工智能技术。公司对此完全支持。[②]

8 号店取名自沃尔玛位于阿肯色州的门店。沃尔玛的创始人山姆·沃尔顿以创新求变为人熟知，8 号店就体现了沃尔顿热衷收集有

① Laura Heller，"Walmart Launches Tech Incubator Dubbed Store No. 8，"*Forbes*，March 20，2107，https://www.forbes.com/sites/lauraheller/2017/03/20/walmart-launches-tech-incubator-store-no-8/.

② Phil Wahba，"Walmart Is Launching a Tech Incubator in Silicon Valley，"*Fortune*，March 20，2017，http://fortune.com/2017/03/20/walmart-incubator-tech-silicon-valley/.

关其商店的数据并对新的想法进行实验。但随着公司规模的不断扩大，尤其是在数字技术变革多数零售业之前成立的公司，它们往往行动笨拙，无法迅速采取行动并接受诸如人工智能等新技术。随着内部孵化器的发展，沃尔玛似乎认识到向企业注入实验文化的难度和重要性。事实上，沃尔玛收购 Jet.com 主要是为了将数字文化融入现有的企业结构中去。在这个流程中，8 号店正在创造一种鼓励实验测试的环境，其赌注很大，但并非孤注一掷。

　　该公司决定不仅在内部进行概念测试，而且还开设了一家客流量很高的商店。关键是，该公司选择了自己的员工作为测试对象。其员工深知公司善用可行性最小的产品和 A/B 测试（对照实验）来了解客户需求，并提供有用的反馈，而且与普通客户不同的是，如果技术偶尔出现故障，这些员工也会予以包容。部署了 IPsoft 的人工智能助手 Amelia 的公司使用了类似的方法：它们让员工先在内部应用技术，以完善程序，做出改进，然后在技术达到了一定的质量控制水平后再面向客户推广。

　　可以看出，亚马逊对于管理者如何应用其最尖端的人工智能技术，以及训练师和维系者如何部署和测试系统有着独到的安排。贝佐斯在公司营造了一种实验文化，而且他在创新方面拥有一件秘密武器：大量员工在缺失的中间地带能从容工作，而且管理者知道如何处理新领域中的不确定性问题。

亚马逊还逐渐了解到客户在自在性、隐私性和易用性之间的权衡边界。当 Amazon Go 在宣布问世时，许多科技评论文章都指出，在走进商店之后，你的身份会被识别，一举一动也会受到监控和记录，这会让人感到不自在。但是对 Echo 这样的产品，客户很快就会对监控习以为常，特别是在他们认为自己能够控制局势的情况下。例如，人们知道 Echo 不会记录他们的谈话内容，除非他们使用了"Alexa""Amazon""Echo"或"计算机"等唤醒词。此外，Alexa 应用程序会向客户提供对话记录，而且客户可以将其删除。

Echo 的迅速反馈表明，人们对新技术的接受速度很快，特别是当他们觉得自己是获益者并且有一定的控制感时更是如此。类似的用户控件和透明接口最终可能也会应用在 Amazon Go 中。

在 Amazon Go，顾客可以选择在线购买后去实体店取货，或直接在实体店挑选货物，享受传统的购物体验。便利店的运营可能会很复杂，要想使店内体验的某些环节实现自动化，就需要充分了解哪些任务最适合人类员工去做，哪些任务最适合机器人去做，哪些任务最适合人机协作。亚马逊目前正在研究如何采取恰当的组合方式使人和机器人能够各施所长。该公司已经宣布，即使不再需要收银员，Amazon Go 的员工数量仍会与常规便利店相同，因此让我们拭目以待，看亚马逊将会为员工创造什么样的新岗位。[6]

标准业务流程的时代已经结束，公司再也不能依赖复制行业领先者的最佳流程而取得发展，因此实验环节至关重要。为了取得竞争优势，管理者必须根据企业自身的特性量身定制流程。但是，这种定制化的流程要求管理者和领导者更多地考虑他们的员工和企业文化，以便知道如何以及何时开展实验。例如，为了获得员工的支持，领导者需要给出明确的目标，而不是禁止员工犯错或发生失误。毕竟，在科学领域，即使实验没有验证假设也不应称之为失败，而应被称为数据。

领导力：人机混合文化的设想

许多公司面临的一个巨大的领导问题是，它们必须建立能够促进人工智能可靠性的企业文化。这或许很难实现，因为许多人从内心就对技术有一种不信任感，而且这些担忧往往会因为害怕工作被取代而变得更加强烈。为了帮助员工与他们的人工智能同事融洽相处，管理者需要在缺失的中间地带安排好角色与互动。正如我们稍后将提及的，训练师、解释员和维系者的技能至关重要，但营造积极的人工智能增强体验也同样重要。请向员工说明公司正在使用人工智能来处理工作任务并重新设计流程，以及证明人工智能工具可以增强员工的能力并使他们的日常工作变得更加有趣，不再那么乏味。

与此同时，企业也面临着一些问题。在讨论自动驾驶汽车的安全性时，丰田研究院首席执行官吉尔·普拉特在 2017 年向美国国会议员表示，人们更容易宽恕人类犯下的错误，而不能容忍机器犯错。[7]研究证实了我们在信任机器方面的不一致性和不确定性。2009 年的一篇论文指出，相比统计预测工具提供的信息，人们在估算股价时更信任人类专家做出的报告。2012 年的另一篇论文发现，人们认为医生做出的医疗决策比计算机做出的医疗决策更加准确，并且更符合伦理。即使看到相反的证据他们也不会动摇想法。2014 年的一项研究发现，"当看到医生和算法犯了同样的错误时，人们更容易对算法失去信心"。同年，宾夕法尼亚大学的三位研究人员创造了"算法厌恶"这个术语，用来描述人们信任其他人，却不信任机器的现象[8]。

金融交易行业可能是算法交互方面的领先者。然而即使在这个地方，算法厌恶仍然构成了很大的阻碍。Systematica Investment（系统性投资）公司的创始人勒达·布拉加于 2015 年设立了一家投资管理公司，该公司只关注算法交易。虽然布拉加承认在交易过程中仍然需要人的参与（例如，投资人和卖空者，他们的工作基于对基本要素和公司管理团队的深入研究），但这些角色正在消失。她相信金融行业会逐渐趋于自动化。同时，Systematica Investment 公司的运营也遇到了阻力。她说，其中一项阻力就是人类更信赖人类做出的决策。"这个绊脚石就是'算法厌恶'情绪。"布拉加说。对许多应用而言，布拉加表示："即使人类做得比算法更糟……我们都更希望由人来做这项工作……我们要理性一些。"[9]

显然，有一些厌恶情绪是件好事。埃森哲的研究结果以及皮尤中心最近的一项研究表明，管理者应该鼓励员工在人工智能做出复杂变动时本着怀疑精神对其进行甄别。[10]这项工作具有积极的意义，例如，银行可能会使用更完整的数据以减少放贷过程中存在的偏见。而在过去，银行家的偏见可能会导致有人由于种族、性别或邮政区号的原因而不符合贷款条件。医疗保健机构也看到，人工智能可以承担或扩展某些工作，从而使医生能够管理众多患者的信息，这在以前是难以实现的。

当然，我们仍在探索人工智能到底能做什么，不能做什么，以及如何以最佳方式将其应用到业务流程中去。因此，我们不应盲目地信任所有的人工智能。良好的人类判断力依然是应用人工智能过程中的关键部分。

但从软件机器人到多关节机器人手臂，人工智能已经以一种改变工作内容和重新定义组织结构的方式渗透到业务流程当中。那么，如何培养人们对机器人同事的信任感呢？一种方法是对人工智能进行测试和训练，正如我们在本章前面提到的"实验"部分。在解决方案趋于成熟之后，你还可以应用下列基础工具和技术来提升人类对机器人的信任感，使人类变得更加理性。

设立护栏

一种方法是在基于人工智能的流程中设立护栏，从而使管理者或领导层能够对意外结果加以控制，微软开发的 Twitter 人工智能聊天机器人 Tay 就是一个例子。Twitter 在 2016 年推出的聊天机器人 Tay 可以在与其他 Twitter 用户的互动中进行学习。经过几个小时的学习后，Tay 已经可以用庸俗的、带有种族主义和性别歧视的语言发布推文了，于是 Tay 的创作者赶紧将其从网上移除了。[11] 面对这种情况，微软可以采取哪些保护措施呢？或许可以通过关键词或内容过滤器，以及情绪监测程序对人工智能起到保护性的缓冲作用。同样，你最好能了解人工智能可以在行业中做什么以及不可以做什么，并确保其他人也知道界限所在。在企业内部，通常由维系者负责探寻人工智能的局限性和意想不到的后果，并设立护栏以保持系统正常运行。因此，护栏可以增强员工对人工智能的信心。

通过人类把关

92% 的自动化技术人员并不完全信任机器人。部分原因在于人们不能确定机器人怎样"思考"或下一步计划做些什么——机器是一个神秘莫测的黑匣子。这些技术人员中有 76% 的人认为最佳解决方案是以视觉输出的形式来显示分析结果，并通过遵循另一套度量标准的仪表盘加以衡量。[12]该解决方案简单易行，可以提升系统的透明度，使人类能够掌控全局。在这个过程中，解释者发挥着关键的作用。即使我们无法知晓人工智能系统的完整思维过程，但对其内部运作机制有一些了解十分有益。解释者应当知道人们在可视化过程中能够获得哪些有用的信息以及系统共享具有什么重要的意义。

最大限度地减小"道德碰撞缓冲区"

对优步、Lyft（来福车，美国第二大打车应用）和亚马逊的Mechanical Turk（劳务众包平台）等服务公司而言，人工智能软件正在增强管理者的能力：人工智能软件可以分担工作任务，提供反馈和评级，并帮助人们追踪目标进展情况。如果这些公司的商业模式能够在全球范围内得到扩展并雇用数十万人，那么人工智能强化管理就是一项必要的创新举措。虽然人工智能软件可以减轻管理者的某些工作负担，但管理者不能松懈其基本的管理职责。

这个问题很复杂，管理者需要在设计选择上做出慎重考虑。随着管理人员利用人工智能重新设置公司领导、员工和社会之间的关系，公司需要意识到这些变化会带来更大、更有影响力，以及意想不到的潜在后果。我们要建立新的机制来确保人工智能在增强管理者的能力时不会因失误而伤害到人类。然而，要建立这种机制，我们首先需要理解"道德碰撞缓冲区"（moral crumple zone）的概念。

碰撞缓冲区是汽车中的一部分，其设计目的是吸收碰撞所产生的撞击能量，以减小驾驶员遭受重伤的可能性。对于某些人工智能管理系统，当其发生故障时员工和客户可能会遭受撞击，这就削弱了人们对人工智能系统的信任感。

人种学专家玛德琳·克莱尔·伊莉丝和硅谷企业家蒂姆·黄创造了"道德碰撞缓冲区"一词。他们在研究中发现，在我们的数字世界中，像顺风车这样的服务会受到多种人为和非人为因素的影响，但是社会责任和法律责任仍然需要个人来承担。

在 2016 年的一份报告中，伊莉丝给出了一个道德碰撞缓冲区的例子。[13] 她曾叫过一辆顺风车送她去迈阿密国际机场。司机从地图应用程序上搜索了迈阿密国际机场的位置，并选择该程序提供的第一条路线出发了。伊莉丝在车上睡着了，而司机在使用应用程序方面是个新手，在伊莉丝醒来之后，她发现司机把她带到了一个离机场航站楼还有 20 分钟车程的地方。为了让伊莉丝准时到达机场，司机取消了打车平台发来的下一个顺风车订单，并免费把伊莉丝送到了目的地。虽然司机并没有义务这么做，但他还是做了，而伊莉丝也得以顺利登机。

在这件事情中，地图应用程序的表现令司机和乘客都很失望，而乘客无法将这个不愉快的经历直接反馈给开发者，只能是司机和乘客间互相给一个评分。但是这个过错应该归咎于谁呢？地图应用程序提供的地址不正确，司机也不知道要开去哪儿，而且伊莉丝睡着了，中途也并没有告诉司机要纠正路线。

伊莉丝对道德碰撞缓冲区做出了如下解释：

> 在一个高度复杂和自动化的系统中，人可能会成为其中一个组成部分——偶然或有意为之——当整个系统出现故障时，人将首当其冲地承担道德和法律责任。道德碰撞缓冲区不仅仅是替罪羊的隐喻，该术语还旨在唤起人们对自动和自主系统转移责任的独特体系予以关注。汽车中的碰撞缓冲区是为了保护人类驾驶员，而道德碰撞缓冲区所保护的却是技术系统本身的完整性。[14]

对于受算法管理的大众平台，人工操作员也可能成为吸收责任的"责任海绵"，例如，当系统出现故障时，他们就会收到来自客户的投诉。另外，如果搭载乘客的顺风车辆出了问题，顺风车主就要承担车子的开支（保险、汽油、磨损），并代表召唤顺风车的应用程序承担责任。

以下是克服当前缺陷的一些方法。首先，创建算法问责制并找出问题根源予以修正，算法问责制不只是针对人类工作者。其次，容许系统中的工作人员对人工智能提出质疑，相信他们有判断能力，可以提供有价值的背景信息，并且能够确保服务质量。再次，完善评分系统，确保评分系统不仅可以用于评价人类，也能用于评价算法或机器。最后，反复寻找操控行为和责任承担之间的不匹配之处。为了充分解决系统开发过程中导致的道德碰撞缓冲区和责任海绵问题，企业需要花费大量的精力重新调整文化价值观和规范。

法律、心理等问题的考量

与合规部门开启持续对话。人工智能有助于合规进程——提取报告，组织数据——但也会带来挑战。有时候，适应性人工智能系统会做出意想不到的反应。我们要了解人工智能如何适应现有的风险管理协议，以及什么时候会增强协议以做出动态的人工智能决策。在缺失的中间地带的左侧，训练师、解释员和维系者在这一过程中发挥着重要作用。

一般而言，当你允许员工修改人工智能系统的结果时——他们就会觉得自己是一个流程的执行者，而不仅仅是一个齿轮——他们会更容易信任人工智能。假设一位工程师正在寻找一种能使油井产量适度提高 2% 的可行方案，她可能会借助人工智能软件，调整软件参数并密切监测结果。例如，她可能会发挥维系者的作用，以确保软件按照预期运行。当她在人工智能的帮助下实现了自己的目标时，她在此过程中也逐渐信任了这一系统。有研究表明，让用户对算法施加一些控制会使他们认为该算法更加高级，并且将来更有可能继续使用该人工智能系统。[15]

然而，有时控制算法的做法并不可行。以给病人分配病床的复杂任务为例，有家公司开发了一个医院病床的数字模型并制订了患者分配方案。对于比较高效的医院，它们的床位使用率基本能够达到70%或80%，而通过使用该公司的软件，医院可以分配90%以上的床位。管理者在一家医院中部署了这一软件，并在理论上预计床位使用率会出现10%~15%的增长，但实际情况并没有改观。经过调查，他们发现是人的动态因素所致。例如，长期与病房里同一批医生一起工作的护士会依靠经验做出决定。因此，当系统给出安置病人的建议时，护士往往会置之不理，因为他们不相信算法会做得更好。[16]

管理者该如何让护士信任人工智能呢？一个不错的方法是简单地解释一下为什么把某个病人安置在某个床位上（例如，解释者可以参与软件界面的设计，并对床位分配的基本原理给出简要解释）。管理者发现，在没有给出解释之前，人们更愿意相信自己的判断而不是算法的推荐。管理者同时发现，他们还必须给那些分配床位的人留有余地，并让他们拥有决策权。[17]

总的来说，为了让人们对人工智能系统产生信任，领导者要让那些使用系统的人参与到结果的生成过程当中，并使其对系统内部的运作有一种操控感，石油工程师的例子即是如此。在理想情况下，人工智能系统应当能够为其决策提供解释，并赋予人们一些决策自主权，就像医院病床的例子所示。基于信任的开发过程很漫长，并需要进行实验。不过案例研究表明，如果人、机器，以及协同工作的人和机器都是可信的，那么每个人获得的结果都将得到改善。

数据：对数据供应链的设想

优良的数据是人工智能技术取得进展的首要基础。从本质上讲，它是推动人工智能的基本燃料。为了获得必需的燃料，我们可以将数据想象为一条"端到端"的供应链。这是一种思考数据的全新方式，它把数据的获得看作整个企业共同捕获、清理、整合、策划和存储信息的动态过程，而非各部门分散管理的静态过程。由于数据将被用于机器学习、深度学习和其他人工智能应用程序，因此我们必须获得丰富（在种类、性质和用途方面）、庞大（单纯指数量）的数据。这里需要记住的一个要点是，人工智能系统要在反馈环路中得到训练，这样算法才能同时提高数据的质量和数量。换句话说，人工智能系统的优劣取决于用来训练它们的数据。因此，企业必须关注那些在缺失的中间地带负责捕获和分析数据的员工。他们的作用至关重要，因为任何数据偏差都可能产生严重的后果，从而导致错误的结论和决策。如今，负责训练人工智能程序的人员会把大约 90% 的时间花在数据准备和特征工程上面，而不是用于编写算法。[18]

尽管这是第四项管理措施，但数据意识是最终促成行动的助推力，这里的行动是一个概括性词汇，其具体含义如下。

动态思考

数据供应链必须是动态的，并不断地发展和吸收实时数据。各种新兴技术——包括数据采集（传感器）、存储、预备、分析和可视化——使公司可以通过全新的方式获取和使用数据。

例如，意大利高性能摩托车设计商兼制造商杜卡迪（Ducati）。该公司的赛车部门 Ducati Corse 想要找到一种更快速、更便宜、更有效的方式来测试摩托车跑车，于是便将目光投向了人工智能。其智能测试系统中应用的分析引擎可通过机器学习和数据可视化工具提供直观的用户界面。跑车上可安装多达 100 个物联网传感器，还可提供一系列的实时数据，包括发动机转速、制动器的温度等。[19]

这些最先进的技术使测试工程师能够轻松地与系统进行交互，探索并了解摩托车跑车在不同天气条件下和在不同赛道上的表现。现在，工程师可以从少量的赛道测试中获得大量的结果，从而节省了时间、精力和金钱。多亏了这些数据和模型，该系统才能够提供越来越精确的性能预测结果。

显然，构建像 Ducati Corse 这样的动态数据供应链需要投入相当大的精力和资源，但是公司可以在较小的范围内启动流程重构工作。虽然数据量可能很大并且会越来越大，但公司应当着重于利用数据来处理并定义明确的小规模初期项目。从简单的项目开始，利用人工智能帮助你实现预期的目标。

移动智能日历应用程序 Tempo 就采取了这种方法。该应用程序通过智能手机本身的数据（如社交媒体、电子邮件、位置等）来"了解"事件。然后，它会在恰当的时间为 iPhone（苹果手机）用户提供有关这些事件的信息。Tempo 就管理着海量的复杂数据，但开发该应用程序的公司仅仅利用这些信息来实现一些简单的功能。[20] 不要被数据的规模所误导，先从简单的人工智能挑战开始，然后再一步步继续前行。

扩大访问范围和种类

随着你的小型人工智能实验逐步发展，请确保你的数据供应链由互不相干的、易于访问的数据源组成。

现在，管理者甚至可以访问他们无法控制或拥有的数据。例如，如果一家区域食品连锁店想要分析过去一个月的日常交易情况，那么它不应局限于数据库中的数字。许多公司已经开始追踪社交媒体网站的情绪走向，它们还会根据天气、购物者的特征、新闻事件或几乎任何可以想象到的新数据维度（只要它们能够找到相关数据）来进行数据分析。有时你还可以求助于数据服务提供商或是任何人可以以任何方式免费使用的开放数据源。

例如，全球皮肤护理产品供应商拜尔斯道夫公司（Beiersdorf）正在利用自己的内部数据以及来自尼尔森（Nielsen）等市场研究公司的联合数据为董事会成员提供关于各个产品和品牌发展的见解。这是一种能力增强的体现。该公司计划实现这一流程的自动化，从而更快地获得更准确的见解。[21]

公司在增强其数据源的多样性的同时，还应该对阻滞信息流动的障碍有所意识。其中一些障碍可能是技术性的（例如，企业的基础设备可能不足以管理大量的数据），而另一些障碍可能是社会性的（具体而言，随着公司积累并分享了越来越多的个人数据，公众逐渐对其滋生了不信任的情绪）。

提升速度

有些数据属于快速数据，例如突发性自然灾害的新闻事件。这类数据很重要，且具有时效性，需要在整个供应链中给予加速处理。另一方面，慢速数据则不太重要，而且可能不太有用。通常，IT 专家会在处理混合速度数据的问题时优先考虑"热"数据，这些数据的访问频率更高，它们被存储在高性能的系统中以便快速检索。相比之下，"冷"数据（例如税务记录）可以存储在不大活跃的服务器上。

Facebook 能够认识到如何排列数据的优先顺序并相应地对流程做出修改。例如，Facebook 发现其社交网络平台中 8% 的照片占用了 82% 的网络流量，而且时间越久，照片的关注度就会越低。为此，Facebook 研究出了一个三层数据存储解决方案，其人工智能软件会对照片进行标记并将其存储在适当的层级中。比较受欢迎的照片被存储在高性能服务器上，可以被立即调取，而关注度较低的照片则被存储在速度稍慢、比较节能的服务器上。通过这种方法，客户的满意度不会受到影响，而且公司还可以节约能源成本。[22]

促成"发现"

你怎样和数据进行对话？是否只有分析师和数据科学家能够从分析工具中受益？你的目标应该是任何人——尤其是那些不太懂技术的企业用户——都可以利用数据所传达的信息。

Ayasdi 公司（一家服务于医疗产业、航天产业和金融产业的大数据初创公司）正在推行一种大众化的"发现"软件，数据科学家和非技术商业领袖均可使用该软件。其客户之一是得克萨斯医疗中心（TMC），该中心专注于分析高容量、高维度的数据集，如来自乳腺癌患者的数据。该软件能够在几分钟内识别出一个新的具有某些共同特征的幸存者子集，而这些特征可能非常重要。[23] 得克萨斯医疗中心计划将 Ayasdi 公司的软件工具应用于各种程序（从分析临床和基因组数据到药物再利用）。[24] 得克萨斯医疗中心的成功经验表明，大众化的分析工具值得推行。有了这样的工具，你完全可以邀请各类专家型员工来帮助你进行数据实验并重新设计流程。

填补缺失的中间地带

数据供应链不仅仅需要先进的技术和良好的信息流。此外，管理者还必须在缺失的中间地带安排特定的员工来开发和管理系统。

我们注意到，人工智能的反馈环路应该是一种不断学习和改进的良性循环。因此，训练师需要通过数据和算法的反馈环路开发出一套法则来帮助智能机器逐步改进。例如，谷歌的训练师正在努力提高自然语言处理系统识别当地方言的能力。在这项工作中，训练师已经收集了针对 30 个单词的 65 000 个数据点（即人们读这些单词时的不同发音方式）。[25]

除了这些训练师之外，反馈环路中还需要解释员和维系者，以防止数据供应链中存在偏见。许多人工智能流程已经有内置的机制来帮助其改进系统。例如，当你没有选择 Waze 导航推荐的路线时，这一信息就会帮助算法做出改进，以便该系统将来能够提供更好的建议。即便如此，系统中也很容易出现偏见。例如，有一款被用于预测被告人将来的犯罪行为的软件已被证明对黑人被告人存有偏见。[26] 因此，部署高级人工智能的公司都需要解释员和维系者来确保这些系统的正常运作。为了解决数据偏差和其他相关问题，谷歌推出了 PAIR（人 + 人工智能研究计划）项目。该公司已经发布了一套开源工具，可以帮助各个机构更好地检测其人工智能系统所使用的数据。[27]

公司还应该考虑任命一名数据供应链主管。这个人将成为该公司的最高维系者，负责监督其他所有维系者的工作。数据供应链主管将负责构建一个完整的端到端的数据供应链，以及解决当中涉及的各种问题。比如，数据孤岛在哪里？我们如何简化数据的访问流程？哪些数据未被充分利用？我们如何挖掘一切有价值的"沉没数据"？

新游戏

显然，重构业务流程并不是一件简单的事情。可以肯定的是，许多公司都曾有过失败的尝试。然而，许多公司也取得了成功，从而使其业务得到了显著改善。我们发现，这两者之间的区别在于是否坚持实施了 4 种基本措施，每种措施都直接对应着我们的"五大关键原则"。该框架综合考虑了企业文化、员工培训和员工信任等常被忽视（或没有想到）的重要问题，从而为企业推行高级人工智能系统提供了一个比较全面的方法。

具体而言，为了在重构业务流程的过程中取得成功，管理者必须首先具备正确的思维模式，设想如何以全新的方式在缺失的中间地带进行工作，利用人工智能和实时数据来观察和解决主要的痛点问题。然后，他们应该把重点放在实验上面，以便在构建、测量和学习的同时测试和完善这一设想。不过，在整个流程当中，他们还需要考虑如何建立对其部署的算法的信任，而这项工作需要的是领导力——管理者负责提升人工智能的可靠性，他们通过设置护栏，最大限度地缩小道德碰撞缓冲区，并解决此类系统有可能引发的其他法律、伦理和道德问题，以此培养人们对人工智能的信任。最后一点同样重要，由于流程的重构过程中需要使用良好的数据，因此企业开发的数据供应链需要持续提供各种来源的信息。所有这些都体现了"五大关键原则"中的"思维模式、实验、领导力和数据"部分。

在下一章，我们将探讨人们在人工智能时代所使用的新型融合技能。这里的"融合"指的是人类的能力和机器的能力在缺失的中间地带相互结合，从而使企业能够对其流程进行重构。这是"五大关键原则"中至关重要的"技能"部分，我们这就来了解一下成功所需的技能变更会对未来的工作有何影响。

第八章　扩展人机协作

未来工作的八大融合技能

假设你是一个动力设备的维修工人，刚刚被告知涡轮机内部出现了意外磨损。如果发出通知的运行系统是应用了数字双胞胎技术的通用电气公司的 Predix，那么你甚至可能会听到计算机大声地发出警报："操作员，我的情况出现变化，导致我的涡轮机转子被损坏。"

然后，你可以向它询问一些详细的信息，计算机会给出能够反映过去 6 个月中涡轮机运行方式的统计数据。计算机还会告诉你，损坏程度增加了 4 倍，如果继续运转下去，转子将减少 69% 的使用寿命。如果你戴着具有增强现实功能的耳机，计算机还会准确显示出转子的损坏位置，并用醒目的红色斜线标出这个区域。

10 年前，除非你的运气特别好，不然很难在日常维护检查中发现这类损坏情况。一种最坏的情形（但也可能发生）是，在转子断裂和涡轮停止旋转之前都没有人检测到这种损坏。但是现在，通过将传感器嵌入组件和设备中，同时使用软件进行数字化建模并对机器的操作状态进行扫描，我们就可以在机器需要进行重大维修或造成停机损失之前发现问题。

在发现损坏之后，你可以向计算机征询修复意见，它会给出若干维修选项，例如通过改变转子的使用方式使转子上的压力在自适应过程中自动减小。该建议是在历史数据、机队数据和天气预报等因素的基础上提出的，而系统的推断具有 95% 的置信度。不过你还要在做出决定之前询问成本问题，这时计算机会告诉你，其推荐的方案通常能够节省燃料和电力成本，并且可以通过防止意外停机最终节省下1 200 万美元。在与计算机进行了 10 分钟的对话之后，你可以指示系统依照推荐的方案继续运行。[1]

刚刚发生了什么？通用电气公司的人工智能软件让标准的维护工作变得完全不同于 5 年前的情形。这种人工智能应用不仅能够加速工作进程，而且其本质上允许工作人员、经营者和管理人员彻底地重构流程及其对工作的意义。

在研究过程中，我们发现人们已经强烈地意识到，我们的工作方式正在发生翻天覆地的变化。我们在埃森哲与世界经济论坛合作完成的关于"未来工作"的全球调查中发现，64% 的员工已经认识到，人工智能等新兴技术的出现正在加快变革的步伐。尽管几乎所有人（92%）都认为，新一代的工作技能将会发生根本的变化，但大多数人（87%）相信，人工智能等新兴技术将在未来 5 年内使他们的工作体验得到改善。此外，85% 的员工愿意在接下来的几年中利用空余时间来学习新的技能，而另外 69% 的员工则在努力寻找与企业未来的数字化需求相关的在职培训的机会。[2]

但是，既然新一代的工作技能与以往全然不同，那么究竟什么才是未来所需的技能呢？

我们在工作和研究中发现，未来员工至少需要具备 8 种新型融合技能（"五大关键原则"中的"技能"部分）。每项技能都在业务流程中融合了人和机器的强项，从而能够比人和机器各自独立工作获得更好的结果。当然，人机协作时代与先前时代所不同的是，你在向机器学习的同时机器也在向你学习，并由此形成一个循环，不断地提高流程的运作性能。

假设你是通用电气公司的维护人员，那么你需要能够在多个抽象层面上巧妙地向机器询问问题，我们把这种技能称为"智能审讯"。作为使用数字双胞胎技术的维修工人，你可以先从发生故障的转子开始询问，但要迅速扩大问题范围，询问有关操作、流程和成本的问题。你不只是一个转子专家，在数字双胞胎技术的帮助下，你已经掌握了一个更为复杂的系统，因此，你对"事情如何运作"的了解变得越来越重要。

我们将逐一描述这 8 项融合技能，以指导管理者和员工更好地在缺失的中间地带工作（见图 8-1）。其中的 3 项技能被人们用来弥补机器的不足（缺失的中间地带的左侧）；另外 3 项技能是由机器增强人的能力（缺失的中间的右侧）；最后 2 项技能可以帮助人类巧妙地在缺失的中间地带游走。虽然这些技能涉及基本的人机协作新形式，但不要求人们掌握机器学习、编程或其他技术领域的专业知识，而是需要人们用心思考，将这些基本技能应用于业务所需。

人机协作活动					
人类弥补机器的不足			人工智能赋予人类超强能力		
训练	解释	维系	增强	交互	体现
回归人性			智能审讯		
负责任地引导			机器人赋能		
判断整合			整体融合		
互惠学习					
不断地重新构想					

图 8-1　缺失的中间地带所需的融合技能

融合技能之一：回归人性

定义：重构业务流程，使人类员工有更多的时间去做人类擅长的事情（如人际交往、创造力和做决策）。

从工业时代起，人们就不得不习惯于"机器时间"的工作概念。也就是说，他们必须跟上装配线和其他自动化流程的节奏。后来，信息技术和计算机在 20 世纪 90 年代成为业务流程中不可分割的一部分，于是机器时间的概念就转移到了办公室。未来研究所的玛丽娜·戈比斯曾经指出，工业化和数字技术的发展极大地改变了人们的工作时间。例如，在 13 世纪，一名英国农民每年大约工作 1 600 个小时。在 20 世纪 90 年代，一名英国工厂的工人每年大约工作 1 850 个小时，而如今纽约一位投资银行家一年的工作时间将近 3 000 个小时。"通过扩展我们的能力，机器为可能的事情设定了新的期望，并创造了新的业绩标准与需求，"戈比斯写道，"在洗碗机被发明之前，我们从没指望过我们的餐具能够洗得如此净白，并且在真空吸尘器进入各家各户之前，我们也没想到地板可以一尘不染，这些工具改变了我们的生活。"[3]

在人机融合的初期发展阶段，时间又将经历怎样的变化？我们发现一种新出现的技能可以让我们以新的方式来思考时间与工作。事实上，人们可以通过"回归人性"这项技能更多地将时间花在人类专属活动上，例如提高客户满意度、执行更复杂的机器维修任务或实施创造性的"蓝天"研究计划。

"回归人性"这项技能对医学领域的影响尤其重要。目前，医生的职业倦怠现象越来越普遍。2015 年的一项研究显示，2011 年有 46% 的医生表示自己至少有一种倦怠症状，到 2014 年，这个比率跳升至 54%。当医生感到倦怠或变得沮丧时往往会产生严重的后果：他们更容易输入错误数据或出现其他错误，从而造成不良后果。[4]

为了缓解这种倦怠症状，匹兹堡大学医学中心已和微软公司开展合作，研究人工智能是否能够改善这一现象。该医学中心的财务主管塔尔·赫彭斯托尔认为如今的职业倦怠问题是伴随医疗记录的数字化转变而产生的，因为医生需要把大量的应诊时间用来输入数据。赫彭斯托尔说："他们感觉自己是计算机的奴隶，并因此感到倦怠，这是不应出现的情况。"[5]

匹兹堡大学医学中心与微软公司的合作目标是通过自然语言处理等人工智能工具来拾取医生和患者之间的对话，并将一些信息转化为表格和医疗记录。这就好像医生每次约见患者时都有一个书记助理站在旁边，几乎没有几个医生能够享受这种待遇。

在 2016 年的英特尔人工智能论坛，来自梅奥医学中心（Mayo Clinic）、佩恩医学院（Penn Medicine）、凯撒医疗集团（Kaiser Permanente）和信诺保险集团（Cigna）的专家聚在一起讨论人工智能对于医药领域的变革作用。绝大多数的专家都认为人工智能是减轻医生死记硬背的负担的理想工具。人工智能可以帮助医生解读 X 射线和核磁共振成像，以及找到增加心力衰竭风险的因素，这些因素隐藏在医学记录中，很容易在常规检查中被人忽视。人工智能还可以帮助医生识别可能未被检测出来的癌变前的痣。所有这些见解都可以为医生与患者节约宝贵的问诊时间。[6]

　　显然，人工智能将会大大改变错综复杂的工作和时间概念，但尚未可知的是，人们将如何利用人工智能提供的额外时间。在美国电话电报公司（AT＆T），销售人员可以通过人工智能调动多个系统中的销售线索，以减少自己在数据库中搜寻线索的时间，从而有了更多的时间来建立客户关系。但是，如果管理者和首席执行官继续局限在"机器时间"的模式当中，那么员工的工作负载可能会越来越大。医生将继续接待更多的患者；客服人员将处理更多的投诉和评论；机修工将维修更多的机器人。虽然这样做生产力可能会有一些提高，但真正的流程重构意味着企业需要考虑怎样使员工的时间获得最佳回报。比如，提供更多的员工培训，以及开发一些志愿者或社会责任活动，这不仅能使当地社区受益，还有利于推广公司的品牌。众所周知的是，很少有人能够在工作极限的边缘取得最佳的工作业绩。所以，随着人工智能改变了人机协作的本质，"回归人性"这项技能也在提醒着我们，我们可以在提高员工生产力的同时提高他们的效率和幸福感。

融合技能之二：负责任地引导

　　定义：负责塑造与个人、企业、社会相关的人机协作的目标与人们对人机协作的看法。

令人惊讶的是，人们可以很快地适应乘坐自动驾驶汽车的感觉。当你第一次看到车轮自行转动时，可能会感到不寒而栗，但在汽车进行第二个右转时，你就会觉得这一切都很正常了。许多乘坐过自动驾驶汽车的人会很快地得出结论：开车对人类来说是一项极其复杂和危险的事情。遗憾的是，自动驾驶汽车还没有得到普及，并且在很多地方，人们仍然对其存在误解。

人工智能技术的应用与人们对该技术的广泛接受和理解程度之间存在一定的差距。缩小这种差距的一个技巧就是"引导"，也就是负责任地引导人们，让人们对人机协作的方式有正确的理解和总体认知。

一般来说，当机器被应用于公共场所（如道路、医院、快餐店、学校和疗养院）时，往往具有最高的价值。引导过程还需要一系列其他本领的支撑——对于人性的了解、STEM（科学、技术、工程、数学）技能、创业精神、公共关系敏锐度以及对社会和社区问题的感知力。

一段时间以来，自动驾驶汽车一直在以缓慢的速度向前发展。在21世纪初，美国国防部高级研究计划局组织了一系列的大型挑战赛，以激励研究人员开发可以竞赛的机器人车辆。这项努力是早期为普及自动驾驶汽车所做的工作之一。我们将视线拉回到今天，当特斯拉为其汽车安装了自动驾驶系统时，奥迪公司已经推出了 A7 Sportback（汽车型号），这款昵称为 Jack（杰克）的自动驾驶汽车采用了类似于人类驾驶习惯的编程模式，例如通过减速或加速行驶让另一车辆进入车道。奥迪公司还以广告形式规范了"自动驾驶"系统的概念。奥迪公司意识到，目前还没有汽车可以实现完全自动驾驶，因此其自动驾驶系统采用的是人机协作的形式。同时，汽车技术的进展也是一个促动因素。"在涉足自动驾驶领域之前，我们一直将生产汽车的重心放在技术和性能方面，"奥迪公司国际创意部门负责人迈克尔·芬克表示，"我们现在正从一个完全不同的感性层面来解决这个问题。"[7]

首席执行官将在引导公众对人工智能技术的认知方面发挥重要的作用。目前，公众对人工智能大多持中立态度，不过也有很多人持有人机对立观念。因此，一个重大事件的发生——例如一辆无人驾驶汽车撞死一名儿童，或是卡车司机反对自动驾驶卡车造成的威胁——可能就会危及人们对于这一技术的信心。首席执行官必须了解受到人工智能影响的社区面临何种需求与问题，以此对阻力进行预测，并寻求缓解冲突的方法。

在向员工推广新型人工智能的过程同样需要引导。引导工作的一个重点是，首席执行官必须就工作的未来提出一个明确的基点。员工对任何一个企业而言都属于重要资产，如果他们认为管理者和管理层都在专注于解决他们的问题，并且他们在这个问题上拥有发言权，那么企业员工就可以成为技术引导过程中的盟友。一位电信公司的高管告诉我们，企业引进人工智能的目的，显然是为了现有的员工能获得更多成功，而不是解雇他们。他说："根据管理层的说法，人工智能可以让企业增加收入，节约成本，从而使企业发展壮大，更具竞争力。所以……一个更为广泛的说法是，随着业务领域的拓展，那些被人工智能置换下来的人可以通过再培训转移到其他岗位。"

融合技能之三：判断整合

定义：针对机器无法判断的事项选择行动方案。

当机器不能确定该做什么，或者在其推理模型中缺乏必要的业务或伦理参照时，人必须能够敏锐地感知到应在何时加以介入，以及如何介入。"有了机器学习，你在决策过程中正在远离人为判断和人为错误，"美国第一资本金融公司的数据创新副总裁亚当·温彻说道，"你实际上是在将它们逐渐地抽离出来。我认为这种转变已经持续一段时间了。"[8]

为了让人类的判断力重新发挥作用，温彻的团队正在应用和发展统计技能和软技能。随着机器学习模型的演化、学习、再训练以及在其他的业务领域得到再利用，他们开始着手分析"这些模型与简单的基于规则的系统或与其前几个版本有什么不同"。这种基于分析的判断可以让员工了解哪里要设置护栏，什么时候需要调查异常情况，或如何避免将模型投放到客户服务中。

企业鼓励员工发展自己的直觉与意识，使他们能够识别或关注机器有可能出现的道德问题或偏离轨迹的现象。即使"模型返回的结果数据非常优良、非常准确"，但"人们仍然需要具有甄别意识并且很自然地提出来，'嘿，我们获得的准确率真的很高，但是我担心过程中会不会有些问题，'"温彻这样说道。[9]

尽管我们在本书中看到人工智能取得了显著的进展，但它仍然存在局限性。[10]人工智能可以正确地完成很多事情，但它并不知道如何审时度势，知人善察。正因为如此，人类的判断力和执行力在任何重构的流程中都是必要的组成部分。例如，当荷兰皇家壳牌石油公司派机器人到远在哈萨克斯坦的场地去监控设备并负责安全检查时，其仍然需要具备专业知识的工作人员时刻警惕危险情况的发生。这款名为Sensabot（森斯博特）的可移动防爆机器人是首款被石油和天然气公司用于在危险环境中作业的机器人。工作人员负责远程操作Sensabot，并且可以一边观看机器人传送回来的视频，一边对风险做出判断。[11]在卡特彼勒公司（世界上最大的工程机械和矿山设备生产商，也是世界最大的柴油机厂家之一），人类的专业知识同样是重构流程的关键组成部分。在设计新的装配线时，工程师需要对人工智能生成的数字模型进行"全程演练"，以便能够在早期找出组装、服务或人机工程学中存在的问题，并在装配线建成之前发现潜在的隐患。

在此过程中，人类专家能够运用他们的判断力在初期阶段使问题得到解决。

融合技能之四：智能审讯

定义：知道如何在各个抽象层面以最佳方式向人工智能代理询问问题，以获得所需要的信息。

你如何去探究一个庞大而复杂的系统？你如何预测复杂数据层之间的交互关系？人们根本无法独立做到这点，所以他们必须向他们的人工智能朋友提出问题，例如"'双胞胎'程序，你有多少把握？""'双胞胎'程序，你有什么建议？"。在通用电气公司，具有智能审讯技能的专业维护人员了解人工智能系统的功能和局限性，并知道如何获取他们需要的信息以做出明智的决定。专业维护人员和机器各自发挥优势，而且他们的优势不相重合。就像人类训练机器一样，机器在接受训练的过程中也在训练人类如何使用机器。最后，依然是人类通过业务技能和专业知识来决定是否修理或更换设备（举例而言）。

我们在研究中发现，智能审讯在一系列领域中都发挥着作用。工作人员可以通过有技巧地向人工智能询问问题来优化铁路运输，调查药物化合物与分子间的相互作用，以及寻找商品最佳的零售定价。智能审讯在零售定价的情景中尤其适用，这要归功于幕后大量的复杂数据，而这些数据可以决定销售的成败。

在一个主要营业点负责零售业务的史蒂夫·施努尔利用零售顾问公司 Revionics 的人工智能系统对便利店内的商品价格进行了优化。当他对艾德维尔（advil，一种解热镇痛类药物）或创可贴的价格进行调整时，即使很小的价格变动也会产生明显的影响。如果没有人工智能，或者没有操作人员向人工智能系统询问智能问题，那么人们就不可能理解并最终控制这种影响。根据有关大概 7 000 份产品的每周销售报告，施努尔的团队利用人工智能系统找出了在任何限制条件下和任何特定时间中艾德维尔、创可贴、苏打水等物品的最佳定价。施努尔提出了这样的问题："如果提高了艾德维尔的价格，泰诺（tylenol，具有止痛作用的药）的销量会受到什么影响？"尽管只是根据库存单位进行分析，但该系统依然计算出了艾德维尔和泰诺之间的关系。其中一个结果表明，上一次艾德维尔在提价了 25 美分时，泰诺的销售量就有所增加。施努尔还利用该系统以其他的方式对定价决策进行探索，例如"告诉我最有利的价格调整方式"以及"告诉我哪些产品的价格涨幅最小"。工作人员提的问题越智能，获得的洞见就越多，人工智能对于公司整体运作的帮助也就越大。[12]

在通用电气公司，数字双胞胎技术不仅可以对涡轮机和转子进行建模，还可以针对员工进行建模。通过模拟员工的行为和交互方式，该技术还可以确定如何优化自己的表现。这就产生了对用户友好的软件和设备，使得新员工和新用户可以更快地上手操作。

在工作数字化的趋势之下，人们会将很多专业任务移交给系统来完成。通用电气数字部门的首席执行官比尔·鲁赫意识到了这种趋势，并强调了人类的判断力和技能培训的重要性，以防人类的技能被弱化。"你必须对员工进行培训，不要让他们被自动化所主导，而要让人类良好的判断力开始发挥作用，"鲁赫说，"我认为比较难办的是，我们要对员工进行培训，使其具有判断力，而不是处处依赖自动化操作。"智能审讯包括：我们要知道输出结果何时没有意义，或者知道某些输入数据可能会使结果出现偏离。"我想我们必须认识到，机器不是万能的。"鲁赫这样说道。[13]

融合技能之五：机器人赋能

定义：通过与人工智能开展良好的合作来扩展能力，并在业务流程和工作中获得超级能力。

通过机器人赋能，人们可以在工作中利用智能代理发挥超常水平。假设你是一名自由职业者或承包商，你可以将一批员工招致麾下，不过你的员工都是非人的数字机器人。但是，你可以获得管理和运营支持，这通常是首席执行官而非个人能够享受的待遇。Bloomberg Beta 的投资人希凡·泽莉斯在 2016 年的一篇文章中写道："智能代理将通过结合学习算法和分布式劳动力，以较低的成本来执行不断扩张的任务。在这些智能代理的帮助下，我们可以像那些首席执行官一样运筹帷幄。"泽莉斯继续写道："我们的工作也会变得更加富有成效。在大多数知识型员工所花费的时间中，只有不到一半的时间用在了他们真正擅长的事情上（他们正是受雇来做这些事情的），其余的时间则花在了调查研究、安排会议，与其他人进行协调，以及其他的办公琐事上，而这些任务都可以通过机器或智能服务轻松完成。"[14]

机器人的种类不计其数，它们可以帮助人们更好地完成工作。其中有像日程安排人工智能公司 Clara（克拉拉）和虚拟助手机器人创业公司 X.ai 开发的行程安排助手，还有一些可以用来组织例会的工具，会议成员可以是 Howdy（帮助管理日常工作的机器人）、Standup Bot（提升效率的办公软件）、Tatsu 和 Geekbot 这些机器人，而你就是"会议总长"。你可以使用 Gridspace Sift（能记录语音谈话，核心要点的软件）和 Pogo（3D 浏览器）等工具来共享会议纪要并突出显示关键字，还可以使用文本分析公司 Textio 的智能软件或 IBM 的"沃森"对语气进行分析进而改进文字。你甚至可以使用 Doli.io（在线自主学习机器人）在社交媒体上更新帖子或图片，打造你的专业度和个人品牌。有关求职过程中机器人赋能的描述，请参阅专栏《利用人工智能寻找工作》。

即使那些位于企业顶端的人也可以使用人工智能系统来提升能

力。客户关系管理供应商 Salesforce 的首席执行官马克·贝尼奥夫在与其执行团队开展的定期会议上就使用了其公司的人工智能产品 Einstein。该人工智能能够执行复杂的建模和预测任务，使贝尼奥夫能够更轻松地切入手头事务。"对首席执行官而言，"他指出，"通常情况是，大家在会议上各抒己见，他们都在告诉你他们想要告诉你并想让你相信的东西，而 Einstein 程序则没有偏见。"贝尼奥夫说，他信任 Einstein 的客观性，这有助于他尽量减少维持会议内部的政治氛围，从而更准确地预测销售情况。"在 Einstein 的协助下，我这个首席执行官的工作有了很大改观。"他这样说。[15]

当然，拥有恰当的工具是一回事，有效地使用这些工具则是另一回事。我们需要以最佳的方式集合和部署机器人，以此提高工作效率和产出效率，但问题是，并不是每个人都能掌握这些必要的技能。

融合技能之六：整体融合

定义：能够开发出人工智能代理强大的心智模型，从而使流程结果得到改善。

全球首例由机器人主刀的眼科手术于 2016 年在牛津大学约翰拉德克里夫医院进行。病人一只眼睛的视网膜的表面再生长了一层膜，这层表面膜由于过度生长而变形，需要通过手术将这层膜切除。这个手术的难度极高，因为这层表面膜的厚度只有 0.01 毫米，任何失误都有可能损伤到视网膜。通常情况下，外科医生必须保持身体的极度平静，才能精准地找到切口。但是在机器人做手术的过程中，外科医生只需坐在控制台上轻推操纵杆即可。机器人的手术工具具有防抖动功能，因此操作熟练的外科医生能够很快地完成手术，并且病人很少出现并发症。[16]

机器人正在使外科领域发生变革，外科医生之前难以接近的器官，如今都可以通过机器人精确地找到切口，并且找到最佳角度将其缝合，这在以前都是难以实现的。但是，手术成功的关键依然是外科医生及其操作机器人的能力——实质上就是将他们的手术技能投射到机器身上的能力。

使用过智能工具的人都很熟悉整体融合的感觉，就好像智能工具是他们自己的身体或心灵的延伸一样。当你在没有帮助的情况下进行侧方位停车时（你似乎能够知道车身伸出了多远），或者当你挥动网球拍与球接触时都会发生融合。机器和我们融合得越来越好，当你开始输入检索词时，谷歌不仅可以根据最热门的关联项实现自动搜索，而且还会考虑到你的地理位置、你的历史搜索条目和其他因素，你似乎能感觉到软件正在读取你的想法。

利用人工智能寻找工作

基于机器人赋予的技能也适用于求职。说到在人工智能时代必然发生的事情，那就是我们的工作正在迅速地发生改变。数据科学家这样的职位在 5 年前几乎是不存在的，而现在已经风靡全球。专注于数据输入等死记硬背的工作岗位很快会从工作列表中消失。人们如何开拓新的职业道路，寻找新的培训机会，或在社交媒体上提升他们的在线形象以及个人品牌？答案就是机器人赋能。

职位搜索和招聘往往是一个数字游戏，所以如果你还没有使用过领英这样的网站或 Wade & Wendy（韦德和温迪）、Ella（埃拉）等新兴人工智能职位搜索助理，那么你就已经落后于人了。

2017 年，人们只需在领英网站点击一下即可轻松申请潜在的工作。该网站还简化了招聘程序，招聘人员可以向有资质的潜在员工大批发送消息。同时，Wade & Wendy 和 Ella 也提供了完全不同的工作搜索体验，它们在界面中添加了会话式的人工智能聊天机器人。例如，Wade 可以帮助求职者寻找符合他们兴趣、技能和背景的工作。而 Wendy 能够发挥人力资源部门的作用，可以自动在适当的候选人中招募人员。[①] Ella 也是一个聊天机器人，它会向求职者询问一些有关技能和职位期望的问题，然后为其搜索相应的职位，其中包括那些没有公开发布的职位。人工智能的搜索功能将会日益改进，得到的结果也会越来越有针对性。哈里森职业服务公司（Lee Hecht Harrison）

---

① Kayla Matthews，"5 Chatbots That Will Help You Find a Job，" *Venture Beat*，June 22，2017，https://venturebeat.com/2017/06/22/5-chatbots-that-will-help-you-find-a-job/.

的数字创新高级副总裁肖恩·佩利解释了 Wade & Wendy 和 Ella 等智能服务的优势："通过使大量数据的搜索流程变得自动化，求职者可以专注于更加复杂、更加个性化的求职环节，例如在职业教练的帮助下做好面试准备或进行联络工作。① 机器人赋能展示了一项典型的技能，该技能可以让人们更加专注于求职过程中的人性面。

这项技能还可以帮助人们更加连贯地展现他们的职业生涯。旧金山一名产品推广经理埃丝特·克劳福德正在寻找一种更好的方式来推销自己。她创造的自动聊天机器人 EstherBot 可以自动回答招聘者可能会问到的有关她的工作经历、教育背景甚至是爱好等问题。"我想使用机器人，"克劳福德说，"讲述我如何从一个国际关系专业的硕士生打拼成为创业公司的产品推广经理。"② 对拥有机器人赋能这项技能的人来说，他们知道如何以及何时应用人工智能代理，并且能够有效地管理一支机器人小团队。

在人机融合时代，整体（物理和心理）融合将变得越来越重要。

---

① "Lee Hecht Harrison Introduces Ella-the Career Transition Industry's First AI-Powered Digital Career Agent," *PR Newswire*, *February* 8, 2017, https://www.prnewswire.com/news-releases/lee-hecht-harrison-introduces-ella-the-career-transition-industrys-frst-ai-powered-digital-career-agent-300403757.html.

② Steven Melendez, "What It's Like to Use a Chatbot to Apply for Jobs," *FastCompany*, April 27, 2016, https://www.fastcompany.com/3059265/what-its-like-to-use-a-chatbot-to-apply-for-jobs.

只有当人类针对机器如何工作与学习开发出有效的心智模型，并且机器能够捕获用户的行为数据以更新其交互方式时，业务流程才有可能实现彻底重构。在融合环境下，流程将变得更加灵活且具有更强的适应性，还可能会变得很有趣，人和机器就像是两个舞技娴熟搭档，在共舞时不时地转换领舞者和伴舞者的角色。

一家名为 Kindred AI 的加拿大智能机器人公司希望利用融合技能来训练机器人以超快的速度来执行灵活的任务。该公司正在将其系统与使用虚拟现实头戴设备的人类"实验者"进行配对，后者佩戴了运动感应工具，其运动信息可以直接传送给机器人。[17] 在宝马的工厂里，工人与合作机器人已经在车间里展开了协作，人和机器都可以敏锐地感知周围环境，并学会了如何最好地协调各自的动作。在这些场景中，机器人就像是工人身体的延伸。

人与机器之间的融合不是简简单单就可以实现的事情，这也为管理者和首席执行官的工作带来了挑战。融合方式可能取决于特定团队的需求，并且需要经历试错过程。尽管如此，我们还是有多种方式可以借鉴，例如美国国家航空航天局负责操控火星探测漫游器的人机团队。在这些团队中，人们对机器人进行编程，使其在设备、功率、时间、板载内存和仪器的限制下完成任务。普林斯顿大学社会学助理教授珍妮特·威尔泰西认为，为了决定机器人如何完成其任务，该团队必须"决定如何做决定"。事实上，他们切实提出了自己的组织方式、行为准则和治理规则。[18]

融合技能之七：互惠学习

定义：与人工智能代理一起执行任务，使其学习新的技能；对员工进行职业培训，以便他们能够利用人工智能更好地工作。

自然语言人工智能助理 Amelia 可以充当多种角色，其中包括 IT 服务台代理、抵押经纪人以及英国城镇委员会网站和呼叫中心的专业解答员。一个软件程序怎样完成这么多的任务？人类专家使用了或明确或隐然的方法训练 Amelia 如何完成工作。只有通过学习，Amelia 和微软的 Cortana 等人工智能助理才会在众多不同的场景中发挥作用。在未来的工作中，人们需要对人机学习的内在动态有一个敏锐的认知。

例如，如果机器学习采取了偷偷摸摸的方式，即员工不能明确地知道他们的一部分或全部工作内容正在用于训练机器，那么机器和管理者之间可能会产生不信任感。不过，如果是最理想的情况，互惠学习的过程可以对抗人机协作中产生的焦虑、被动感和无助感。如果给人们一些控制权，让他们感觉自己是未来系统或流程表现的投入者，那么他们就会将人工智能视为同事而不是敌人。

互惠学习这项融合技能标志着我们的技术管理方式已经有了明显的突破。多年来，技术教育都在朝着一个方向发展：人们学习如何使

用机器。但是在有了人工智能以后，机器正在向人类学习，而反过来
人类也在向机器学习。互惠学习意味着客服代表或任何利用人工智能
代理工作的人员都将成为其数字同事的"行为榜样"。当然，行为榜
样模型的建立还需要充当老师角色的人具备适当的专业技能，而且建
立起来的人工智能模型要容易被训练。界面在人机互惠学习中具有很
重要的作用。

例如，Amelia 所使用的界面可以在幕后观察其人类操作员的数
字行为———一种幕后学习方式。除了幕后学习之外，软件还会将其无
法回答的问题移交给人类同事来加强他们之间的学习关系，并在此过
程中观察问题的解决方式。传统的自动化资产随着时间的推移逐渐退
化，而智能化的自动化资产却在不断改进。[19]

当然，在融合关系中，不仅是机器需要得到训练。人工智能正在
推动人类学习的进程。事实上，为了填补制造业在升级到智能自动化
过程中的技能空白，人的学习将是至关重要的。由英国政府支持的征
收企业学徒税的计划已开始试行。年度工资发放总额超过 300 万英镑
的公司必须支付一小笔税款，但如果他们能用这笔税款购买认可的学
习培训课程就可以得到返款（另外还有 15 000 英镑的专项补助。每
当企业将 1 英镑划入电子账户时，都能获得的 10% 奖励）。也就是说，
如果他们雇用不熟练的工人并对其进行培训，就可以收回已经缴纳的
税款以及获得更多的奖金。当然，专业人员的培训工作不是件容易的

事情，这种培训在不同行业之间，甚至在不同公司之间都可能会有所不同。

因此，各个机构都必须对其学习计划进行适当微调。一家金融科技公司的首席信息官指出，人工智能打乱了团队中的人员角色。但通过流程重构，银行能够找到一种对工人、机器和管理层都很适合的安排方式。"由于银行开始聘用具有不同技能和经验（如数据管理、数据科学、编程和分析）的专业人员来管理系统，因此贷款团队中的很多高级员工转而去培训和支持贷款行业的新人，为其讲述行业背景，并且起到了训练人工智能算法的作用，使其能够更加高效地学习。"这位首席信息官如是说。

互惠学习展现了人机协作时代某些基本的工作特征：对人类工作者或机器来说，最重要的一个特征是，不一定要具备工作所需的具体技能，但一定要有学习能力。微软公司首席执行官萨蒂亚·纳德拉表示，"我们不需要无所不知，但要无所不学"。[20]

融合技能之八：不断地重新构想

定义：开创新的流程和业务模式，而不是简单地使传统流程自动化。

最后一个（也许是最重要的）融合技能是指能够对当前事物进行重新构想的能力。从本质上讲，这本书讲述的就是重新思考如何利用人工智能来改造和改进工作、组织流程、企业模式甚至是整个行业。

正如本书第二部分前面所述，美国时尚电商 Stitch Fix 正在重构其在线销售和订单履行流程。同样，美国第一资本金融公司也在积极利用人工智能、云计算、大数据和开源技术，并取得了重大成功。例如，作为业内先锋，它第一个在亚马逊的 Alexa 上启动功能，使客户能够在该平台上查看账户余额、支付账单和执行其他交易。最近，它在众多竞争者中第一个引入了面向客户的智能聊天机器人。这个被命名为 Eno 的聊天机器人具备自然语言处理功能，可处理客户通过智能手机发出的文字对话。还有一个相关的应用程序可以通过机器学习提醒账户持有人注意可能存在欺诈的异常交易。

为了保持其在人工智能方面的优势，美国第一资本金融公司最近建立了一个机器学习卓越中心，用于研究如何利用该技术重新设计客户体验。该中心的员工来自纽约、弗吉尼亚和华盛顿哥伦比亚特区的办事处，它将着眼于如何应用人工智能来帮助客户更好地管理他们的支出项目。该中心还将调查计算机程序的创建过程以解释人工智能系统如何做出决策。"我们的目标是让美国第一资本金融公司成为卓越的机器学习公司。"温彻这样说。[21]

美国第一资本金融公司不仅仅是一家金融服务公司，它正在成为一家科技公司。"我们正在开展一项业务，其中最主要的两项产品就是软件和数据。"该公司的首席信息官罗布·亚历山大说道。根据亚历山大的说法，这种转变导致公司发生了根本性的变化："这个转变的过程需要各类人才作为基础，而且需要不同的思维模式和完全不同的运营模式。"[22] 同样重要的是通过组织变革帮助美国第一资本金融公司走向人工智能的新纪元。例如，某公司现在部署了技术团队，这些团队遵循灵活软件开发的原则，其中一个行为导向就是，快速失败以便快速成功。"测试和学习"的管理理念是美国第一资本金融公司文化的核心原则。2014 年底，该公司在得克萨斯州普莱诺的一个校园内建立了"车库"（Garage）创新中心。（因为硅谷许多初创公司都是从车库起家，故此创新中心以"车库"命名。）在这个中心，工作人员不会得到任何特定的指令，而只是被笼统地告知他们需要"极大地改善消费者的产品使用体验"。[23]

在应用高级人工智能技术方面处于领先地位的公司，这种致力于不断重构流程以及重新设计员工角色、技能和自身核心业务的精神是很常见的。

实质上，重构能力是一项基础技能，它为智能审讯和机器人赋能等其他技能奠定了基础。正是这种重构能力使人们能够更轻松地适应日新月异的世界，而在这个世界中，高级人工智能技术在不断改变着机构流程、商业模式和行业景象。

神经机会主义中的机遇

融合技能的概念（即能够将人类和机器的相对优势相结合，创造出胜过单独优势产生的结果）与认知科学很相符。神经机会主义（即人们很自然地使用技术来增强自我能力的想法）以及扩展智慧和体现智能的想法都与此相关。正如研究所示，人类将工具和技术融入自我认知的一部分。[24] 从眼镜到自行车再到战斗机，当我们经常使用这些工具，并且像专家一样娴熟时，就会感觉这些工具是我们身体和大脑的延伸。人工智能将这种生物技术的共生关系带向了另一个维度：智能机器就其自身的独特优势而言本身就具有神经机会主义特性。通过设计，它们可以收集有关周围环境的信息并将其纳入自己的认知当中。所以这 8 项技能强调了一种新的关系能力，这种能力在目前的经济分析或企业人才发展计划中很少被提及。融合技能要求人们以一种全新的方式来思考人类专长，引申来讲就是要用一种十分不同的方式来对员工队伍进行教育和再培训。

在人机协作时代创造未来

每当人们谈到人工智能的时候，往往都会将注意力集中在抢饭碗的问题上，并且担心机器人有朝一日会统治世界。人们一般会认为，人类和机器是竞争对手，而人工智能系统在多种情境下拥有超快的速度、超强的处理能力和耐力，所以将会在公司中（甚至是工作场所以外）直接取代我们。

很多定量的经济研究都加重了人们的这种担忧。正如一项研究所总结的那样，"如果缺乏从赢家到输家进行重新分配的适当财政政策，智能机器可能就会给所有人带来长期的灾难"。[1] 但是，这种定量研究通常专注于行业的总体趋势，而忽略了日常流程和实践背后发生的事情。

根据我们的研究（包括在我们的 1 500 个样本中对 450 家机构进行的观察和案例分析），我们发现了一些定量调查未能捕获的重要现象。一个是"融合技能"的概念：人机协作带来了新的工作岗位和工作体验，这就是如今人机分离观念中"缺失的中间地带"。在这一地带，前沿公司正在通过重构流程而极大地提升工作效率。然而，为了获得这样的结果，管理者必须在企业转型过程中进行必要的投入，包括对员工进行再培训以填补缺失的中间地带中所需的岗位。

以不同的方式，做不同的事情

为了推断公司如何转型到新的人机时代，我们首先需要了解管理者如何在业务流程中应用人工智能。在本书的第一部分，我们描述了制造业和供应链（第一章）、后台管理（第二章）、研发和业务创新（第三章）以及市场营销、销售和客户服务（第四章）中用到的各类应用程序。研究这些应用程序让我们对未来有了一个清晰的认知，使我们能够通过创造新的增强型工作岗位来开启全新的经济和就业机会，从而以各种方式来填补缺失的中间地带。

具体而言，我们在研究中发现，这些新型工作与传统工作有着很大差异。目前，缺失的中间地带中 61% 的工作都要求员工"以不同的方式，做不同的事情"——因此企业需要重构流程并对其员工进行再培训。正如我们在第五章讨论的那样，这些"不同的事情"包括训练数据模型，或解释和负责任地维系人工智能系统的性能。正如第六章所述，员工还要通过"增强、交互和体现"这三种方式获得超强能力，从而"以不同的方式"来完成工作。不要依赖远离企业实践的经济数据，你必须通过直接观察来理解和领会这些差异。

　　然而，迄今为止，我们观察到只有少数公司在挖掘融合技能的潜力，它们在此过程中以创新的方式重新设计了它们的业务方式、运营模式和操作流程。像通用电气、微软、宝马、谷歌、亚马逊等公司都认识到人工智能不同于典型的资本投资，实际上它的价值会随着时间的推移而不断提升，并且也会反过来提高人的价值。事实上，当人类和机器各自发挥所长的时候，就会相互增强工作表现并形成良性循环，从而提高生产效率、员工满意度以及创新能力。因此，这些公司正在引领着行业的发展，它们创造了新的工作岗位，制订了学习和再培训计划，而这些计划均依靠新的领导力（如第七章所述）来实现。这些公司已经取得的成功证明它们选择了正确的道路。

　　但当务之急是，大多数企业并不急于填补缺失的中间地带，而它们迟缓的行动已经产生了后果。在美国大概有 600 万的岗位空缺，并且每个月都有超过 35 万个制造业岗位由于缺乏合格的工人而得不到有效补充。[2] 在全球十二大经济体中，38% 的雇主在报告中表示很多岗位难以找到合格的员工。[3] 现在的问题并非是机器人在取代人类的工作，而是工作人员没有准备好快速发展的新技术（如人工智能）工作所需的适当技能。随着公司在其他领域进一步应用人工智能并重构工作流程，上述问题将会日益凸显。例如，全球最大的 100 家雇主在报告中称，有些技能在当前环境下或许无关紧要，但到 2020 年，其中超过 1/3 的技能都将会成为工作的必然要求。[4]

制造业的数字方面也存在着技能缺口。随着工厂越来越趋于高科技化，它们需要更多精通软件技能的员工。例如，西门子公司已经认识到了这一点，并计划在 2020 年之前雇用 700 多名员工，负责训练和使用协作机器人以及软件工程和计算机科学等方面的工作。但是传统的职业前景报告中并不包含这些工作，而人工智能已经模糊了蓝领与白领以及新旧岗位之间的界限。西门子公司美国分部的首席执行官埃里克·斯皮格尔认为："人们可能不会将这些 IT 和软件开发工作视为制造业的工作，但它们确实与制造业有关。"[5]

我们在研究中发现，真正的问题并不是人类将被机器所取代，而是人类需要做好更加充分的准备，以填补缺失的中间地带中越来越多的岗位需求。在第八章，我们详细描述了在这个人机协作的新时代中日益重要的几类融合技能。我们还探讨了"神经机会主义"的重要性，因为人们越来越需要结合人工智能工具来扩展他们的身体和思维能力。

遗憾的是，目前还没有多少迹象表明企业或政治领导者正在这些领域做出必要的投入。在美国，2016 年一篇名为"人工智能、自动化与经济"的白宫报告指出，美国用于帮助人们适应职场变化的支出仅占国内生产总值（GDP）的 0.1% 左右。这个数字在过去的 30 年中一直呈下降趋势，联邦政府重新调整的计划——主要用于帮助人们处理煤矿或军事基地问题——并非旨在帮助因自动化而失业或改变工作的人。[6] 其他国家的情况各不相同。日本和中国在人工智能教育和劳动力培训方面做出了显著的努力，使之成为国家长期人工智能战略的核心部分。例如，中国希望在 2020 年之前跻身于先进人工智能国家之列，并在 2030 年前成为全球卓越的人工智能创新中心。[7] 这一发展计划包括加大投资用于工人再培训，使"人与机器之间的协作成为主流的生产和服务模式"。[8]

行动倡导：重构业务

人工智能正在迅速进入商业领域，其快速扩张使有关机会和风险的问题成为首要焦点。领导者现在做出的决定将对未来产生深远影响。在将人工智能应用于商业领域的实际运作中，我们希望本书能够为大家提供更多的帮助。

多年来，许多研究人员都梦想着创造出一种可以与人类匹敌的人工智能。然而，我们发现人工智能反而成了扩展人类自身能力的工具。反过来，我们正在引导人工智能系统发展成更好的工具，以进一步扩展我们的能力。有史以来，我们从未和我们的工具有过如此良好的互动。正如我们所看到的融合技能和缺失的中间地带一样，真正的良机是让工作变得更加人性化，以更人性化的方式重构业务流程，并让人们拥有超强的能力以实现高效工作。

基于人机协作的理念，我们需要采用新的方法，并倡导对企业和业务流程进行重构。人工智能使企业领导者能够更好地了解其客户和员工的需求。企业可以通过人工智能和人机协作流程将这些需求考虑在内，并执行有利于业务和员工的解决方案。

我们编写这本书的主要目的是为领导者、管理人员和工作人员提供必要的工具，以便为即将到来的第三次企业转型浪潮做好准备。正如我们在前面几章所讨论的那样，这个时代需要人和机器担当起新的角色，并以新型的紧密合作关系来填补缺失的中间地带。为了实现这一目标，我们阐释了为什么管理者必须实行组织变革以营造一种鼓励重构工作流程的氛围，同时还要投资学习平台并不断对员工进行再培训。这显然适用于开发、维护和管理人工智能等业务所需的基础融合技能，同时也适用于其他的软技能，例如在技术上做出艰难的道德决策所需的技能。

正如我们的"五大关键原则"所示，人工智能的成功实施不仅仅需要对技术本身予以关注。"五大关键原则"中的领导力部分始终将人置于人工智能项目的中心，同时考虑到员工和客户以及其他利益相关人员。例如，在人工智能进入工作场所之后，管理者需要对各类影响进行评估：如何更新工作要求？在机器取代了某些劳动力后，企业如何创造出更多的岗位来进行均衡？企业需要做出哪些新的人才投入来保持其在业内的专业度？公司哪些员工可能需要接受咨询和再培训？

此外，我们还要考虑到政府法规、道德设计标准（如电气电子工程师学会提出的标准）和普遍的公众情绪。正如我们已经讨论过的，公司有义务确保其部署的人工智能系统没有偏见，它们还需要能够理解和解释人工智能系统为什么做出某些决策。管理者和经营者还必须知道哪些决策可以完全交由机器做出（而哪些决策需要人为干预），并且必须在这个过程中建立问责制。在某些情况下，整个决策过程应该是透明的。

最后，企业必须积极确保人工智能技术符合新的法律和地区政策，例如欧洲的《通用数据保护条例》。尤其是，个人数据在不同地区需要引起不同的关注，因为人工智能系统有可能给出带有偏见的见解。

上述问题至关重要，许多个人、企业、行业和国家的命运都将取决于当前选择的方案。当我们选择通过人工智能重构业务流程和组织时，就极有可能创造出更加美好的未来并使世界的工作和生活方式得到改善。我们不仅要提高业务绩效，而且要实施更具可持续性的解决方案，以便更好地利用地球上的重要资源，并推动强大的新型服务以及与消费者和员工的互动形式。

在我们的研究中，我们发现利用人工智能增强员工能力并进行业务流程重构的公司都实现了业绩的阶跃式增长，并以此跻身于行业的前沿。而那些仅仅以传统方式利用人工智能实现自动化的公司可能会在短期内保持适度增长，但最终会停滞不前。我们预测在未来 10 年内，赢家和输家之间将会出现巨大的差异，这种差异不在于企业是否利用了人工智能，而在于如何利用。

这正是人类真正发挥作用的地方。我们已经阐明，人工智能为人们提供了强大的工具，使其拥有超级能力，能够完成更多的事情。在这个过程中，人工智能有可能使工作变得更加人性化，让我们拥有更多的时间，更像人类，而不是像机器一样工作。

我们正处在商业转型的新时代（人工智能时代）的交会点，我们今天的行动将对未来产生重大的影响。我们希望本书能为你提供一个了解未来机遇和挑战的更好视角，并针对你如何在工作中应用人工智能提供指导。通过负责任地使用人工智能并不断地重构工作流程，人们可以从智能机器中获益。当我们采取这些行动时，就该摒弃人机对立的尘封概念，而拥抱一个令人激动的人机协作新世界。

我们致力于推动人工智能时代的技能培训

我们撰写《机器与人》一书的目的是帮助人们驾驭人工智能给商业、政府和经济带来的变化。我们坚信，在正确的管理方法的引导下，人工智能将以创新力量真正地改善世界的工作和生活方式，并将在缺失的中间地带催生出大量的新型工作岗位。

但是，我们也认识到人工智能也会给许多人带来混乱、困扰和挑战。我们需要为所有人提供必要的教育、培训和支持，帮助他们在缺失的中间地带胜任各种工作。为了支持这项重要计划，我们将从本书销售之日起捐赠出我们所得的版税净额，用于资助教育和再培训计划，重点帮助人们发展融合技能，使他们成为人工智能时代的一分子。

前　言

1. DPCcars, "BMW Factory Humans & Robots Work Together at Dingolfing Plant," YouTube video, 25:22 minutes, Posted March 2, 2017,https://www.youtube.com/watch?v=Dm3Nyb2lCvs.

2. Robert J. Thomas, Alex Kass, and Ladan Davarzani, "Recombination at Rio Tinto: Mining at the Push of a Button," Accenture, Sept 2, 2015, www.accenture.com/t20150902T013400_w_/us-en_acnmedia/ Accenture/Conversion-Assets/DotCom/Documents/Global/PDF/ Dualpub_21/Accenture-Impact-Of-Tech-Rio-Tinto.pdf.

第一章　工厂车间中的人工智能

1. Nikolaus Correll, "How Investing in Robots Actually Helps Human Jobs," *Time*, April 2, 2017, http://time.com/4721687/investing-robots-help-human-jobs/.

2. Will Knight, "This Factory Robot Learns a New Job Overnight,"*MIT Technology* Review, March 18, 2016, https://www.technologyreview.

com/s/601045/this-factory-robot-learns-a-new-job-overnight/; Pavel Alpeyev, "Zero to Expert in Eight Hours: These Robots Can Learn for Themselves," Bloomberg, December 3, 2015, https://www.bloomberg.com/news/articles/2015-12-03/zero-to-expert-in-eight-hours-these-robots-can-learn-for-themselves.

3. Knight, "This Factory Robot Learns a New Job Overnight."

4. "Company Information: History of iRobot," http://www.irobot.com/About-iRobot/Company-Information/History.aspx, accessed November 2, 2017.

5. H. James Wilson, Allan Alter, and Sharad Sachdev, "Business Processes Are Learning to Hack Themselves," *Harvard Business Review*, June 27, 2016, https://hbr.org/2016/06/business-processes-are-learning-to-hack-themselves; author interview with Andreas Nettsträter, February 8, 2016.

6. Steve Lohr, "G.E., the 124-Year-Old Software Start-Up," *New York Times*, August 27, 2016, https://www.nytimes.com/2016/08/28/technology/ge-the-124-year-old-software-start-up.html.

7. Charles Babcock, "GE Doubles Down on 'Digital Twins'for Business Knowledge," *Information Week*, October 24, 2016, http://www.informationweek.com/cloud/software-as-a-service/ge-doubles-down-on-digital-twins-for-business-knowledge/d/d-id/1327256.

8. 同上。

9. Tomas Kellner, "Wind in the Cloud? How the Digital Wind Farm Will Make Wind Power 20 Percent More Efficient," GE Reports, September

27, 2015, http://www.gereports.com/post/119300678660/wind-in-the-cloud-how-the-digital-wind-farm-will/.

10. 作者对乔·卡拉卡帕的采访，2016 年 10 月 13 日。

11. Leanna Garfield, "Inside the World's Largest Vertical Farm, Where Plants Stack 30 Feet High," *Business Insider*, March 15, 2016, http://www.businessinsider.com/inside-aerofarms-the-worlds-largest-vertical-farm-2016-3.

12. "Digital Agriculture: Improving Profitability," Accenture, https://www.accenture.com/us-en/insight-accenture-digital-agriculture-solutions.

第二章　后台管理中的人工智能

1. Jordan Etkin and Cassie Mogilner, "Does Variety Increase Happiness?" *Advances in Consumer Research* 42 (2014):53–58.

2. 作者对 Celaton（人工智能公司）首席执行官安德鲁·安德森的采访，2016 年 9 月 29 日。

3. Richard Feloni, "Consumer-Goods Giant Unilever Has Been Hiring Employees Using Brain Games and Artificial Intelligence—And It's a Huge Success," *Business Insider*, June 28, 2017, www.businessinsider.com/unilever-artificial-intelligence-hiring-process-2017-6.

4. 作者对 Gigster 创始人罗杰·迪基的采访，2016 年 11 月 21 日。

5. "IPsoft's Cognitive Agent Amelia Takes on Pioneering Role in Bank with SEB," IPsoft press release, October 6, 2016, http://www.ipsoft.com/2016/10/06/ipsofts-cognitive-agent-amelia-takes-on-pioneering-role-in-banking-with-seb/.

6. Sage Lazzaro, "Meet Aida, the AI Banker That NEVER Takes a Day Off: Swedish Firm Reveals Robot Customer Service Rep It Says Is 'Always at Work, 24/7, 365 Days a Year,'" *Daily Mail UK*, July 31, 2017, http://www.dailymail.co.uk/sciencetech/article-4748090/Meet-Aida-AI-robot-banker-s-work.html.

7. "Darktrace Antigena Launched: New Era as Cyber AI Fights Back,"Darktrace press release, April 4, 2017, https://www.darktrace.com/press/2017/158/.

8. Linda Musthaler, "Vectra Networks Correlates Odd Bits of User Behavior That Signal an Attack in Progress," *Network World*, January 9, 2015, https://www.networkworld.com/article/2867009/network-security/vectra-networks-correlates-odd-bits-of-user-behavior-that-signal-an-attack-in-progress.html.

第三章　研发和创新领域的人工智能

1. Bill Vlasic, "G.M. Takes a Back Seat to Tesla as America's Most Valued Carmaker," *New York Times*, April 10, 2017, https://www.nytimes.com/2017/04/10/business/general-motors-stock-valuation.html.

2. "All Tesla Cars Being Produced Now Have Full Self-Driving Hardware,"Tesla press release, October 19, 2016, https://www.tesla.com/blog/all-tesla-cars-being-produced-now-have-full-self-driving-hardware.

3. Isaac Asimov, *Fantastic Voyage II: Destination Brain* (New York: Doubleday, 1987), 276–277.

4. Arif E. Jinha, "Article 50 Million: An Estimate of the Number of Scholarly Journals in Existence," *Learned Publishing* 23, no. 1 (July 2010): 258–263.

5. 作者对希凡·泽莉斯的采访，2017 年 1 月 31 日。

6. 作者对 GNS Healthcare 首席执行官科林·希尔的采访，2016 年 2 月 12 日。

7. 同上。

8. Margaret Rhodes, "Check Out Nike's Crazy New Machine-Designed Track Shoe," *Wired*, July 20, 2016, https://www.wired.com/2016/07/check-nikes-crazy-new-machine-designed-track-shoe/.

9. 作者对 SigOpt 首席执行官斯科特·克拉克的采访，2016 年 11 月 22 日。

10. 作者对 GNS Healthcare 首席执行官科林·希尔的采访，2016 年 2 月 12 日。

11. 作者对 Numerate 公司首席技术官兼共同创始人布兰登·奥尔古德的采访，2016 年 7 月 7 日。

12. 同上。

第四章　市场中的人工智能

1. Phil Wainewright, "Salesforce Captures the Limits of AI in a Coca-Cola Cooler," *Diginomica,* March 7, 2017, http://diginomica.com/2017/03/07/salesforce-captures-the-limits-of-ai-in-a-coca-cola-cooler/.

2. "Transitioning to a Circular Economy," Philips, https://www.usa.philips.com/c-dam/corporate/about-philips-n/sustainability/sustainabilitypdf/philips-circular-economy.pdf.

3. Jordan Crook, "Oak Labs, with $41M in Seed, Launches a Smart Fitting Room Mirror," *TechCrunch*, November 18, 2015, https://

techcrunch.com/2015/11/18/oak-labs-with-4-1m-in-seed-launches-a-smart-fitting-room-mirror/.

4. "The Race for Relevance, Total Retail 2016: United States," PwC, February 2016, http://www.pwc.com/us/en/retail-consumer/publications/assets/total-retail-us-report.pdf.

5. "Staffing Is Difficult," Percolata, http://www.percolata.com/customers/staffing-is-difficult, accessed October 24, 2017.

6. "Bionic Mannequins Are Watching You," *Retail Innovation*, April 2, 2013, http://retail-innovation.com/bionic-mannequins-are-watching-you; and Cotton Timberlake, Chiara Remondini and Tommaso Ebhardt, "Mannequins Collect Data on Shoppers Via Facial-Recognition Software," *Washington Post*, November 22, 2012.

7. H. James Wilson, Narendra Mulani, and Allan Alter, "Sales Gets a Machine-Learning Makeover," *MIT Sloan Management Review*, May 17, 2016, sloanreview.mit.edu/article/sales-gets-a-machine-learning-makeover/.

8. Pierre Nanterme and Paul Daugherty, "2017 Technology Vision Report," Accenture, https://www.accenture.com/t20170125T084845__w__/us-en/_acnmedia/Accenture/next-gen-4/tech-vision-2017/pdf/Accenture-TV17-Full.pdf?la=en.

9. A. S. Miner et al. "Smartphone-Based Conversational Agents and Responses to Questions about Mental Health, Interpersonal Violence, and physical Health," *JAMA Internal Medicine* 176, no. 5 (May 2016):619–625.

10. Mark Wilson, "This Startup Is Teaching Chatbots Real Empathy," *FastCompany*, August 8, 2016, https://www.fastcodesign.com/3062546/this-startup-is-teaching-chatbots-real-empathy.

11. 同上。

12. Laura Beckstead, Daniel Hayden, and Curtis Schroeder, "A Picture's Worth A Thousand Words . . . and Maybe More," *Forbes*, August 5, 2016, https://www.forbes.com/sites/oracle/2016/08/05/a-pictures-worth-a-thousand-words-and-maybe-more/.

第五章　关键企业流程中出现的新岗位

1. Robert J. Thomas, Alex Kass, and Ladan Davarzani, "Recombination at Rio Tinto: Mining at the Push of a Button," Accenture, Sept 2, 2015, www.accenture.com/t20150902T013400__w__/us-en_acnmedia/Accenture/Conversion-Assets/DotCom/Documents/Global/PDF/Dualpub_21/Accenture-Impact-Of-Tech-Rio-Tinto.pdf.

2. James Wilson, "Rio Tinto's Driverless Trains Are Running Late," *Financial Times*, April 19, 2016, https://www.ft.com/content/fe27fd68-0630-11e6-9b51-0fb5e65703ce.

3. H. James Wilson, Paul Daugherty and Prashant Shukla, "How One Clothing Company Blends AI and Human Expertise," *Harvard Business Review,* November 21, 2016, https://hbr.org/2016/11/how-one-clothing-company-blends-ai-and-human-expertise.

4. Melissa Cefkin, "Nissan Anthropologist: We Need a Universal Language for Autonomous Cars," *2025AD*, January 27, 2017, https://

www.2025ad.com/latest/nissan-melissa-cefkin-driverless-cars/.

5. Kim Tingley, "Learning to Love Our Robot Co-Workers," *New York Times,* February 23, 2017, https://www.nytimes.com/2017/02/23/magazine/learning-to-love-our-robot-co-workers.html.

6. Rossano Schifanella, Paloma de Juan, Liangliang Cao and Joel Tetreault, "Detecting Sacarsm in Multimodal Social Platforms," August 8, 2016, https://arxiv.org/pdf/1608.02289.

7. Elizabeth Dwoskin, "The Next Hot Job in Silicon Valley Is for Poets," *Washington Post*, April 7, 2016, https://www.washingtonpost.com/news/the-switch/wp/2016/04/07/why-poets-are-flocking-to-silicon-valley.

8. "Init.ai Case Study," Mighty AI, https://mty.ai/customers/init-ai/, accessed October 25, 2017.

9. Matt Burgess, "DeepMind's AI Has Learnt to Become 'Highly Aggressive" When It Feels Like It's Going to Lose," *Wired,* February 9, 2017, www.wired.co.uk/article/artificial-intelligence-social-impact-deepmind.

10. Paul X. McCarthy, "Your Garbage Data Is a Gold Mine," *Fast Company,* August 24, 2016, https://www.fastcompany.com/3063110/the-rise-of-weird-data.

11. John Lippert, "ZestFinance Issues Small, High-Rate Loans, Uses Big Data to Weed Out Deadbeats," *Washington Post*, October 11, 2014, https://www.washingtonpost.com/business/zestfinance-issues-small-high-rate-loans-uses-big-data-to-weed-out-deadbeats/2014/10/10/

e34986b6-4d71-11e4-aa5e-7153e466a02d_story.html.

12. Jenna Burrell, "How the Machine 'Thinks': Understanding Opacity in Machine Learning Algorithms," *Big Data & Society* (January–June 2016): 1–12, http://journals.sagepub.com/doi/abs/10.1177/2053951715622512.

13. 同上。

14. Kim Tingley, "Learning to Love Our Robot Co-Workers," *New York Times,* February 23, 2017, https://www.nytimes.com/2017/02/23/magazine/learning-to-love-our-robot-co-workers.html.

15. Isaac Asimov, "Runaround," *Astounding Science Fiction* (March 1942).

16. 埃森哲的研究调查，2016 年 1 月。

17. Vyacheslav Polonski, "Would You Let an Algorithm Choose the Next US President?" World Economic Forum, November 1, 2016, https://www.weforum.org/agenda/2016/11/would-you-let-an-algorithm-choose-the-next-us-president/.

18. Mark O. Riedl and Brent Harrison, "Using Stories to Teach Human Values to Artificial Agents," in 2nd International Workshop on AI, Ethics, and Society, Association for the Advancement of Artificial Intelligence (2015), https://www.cc.gatech.edu/~riedl/pubs/aaai-ethics16.pdf.

19. Masahiro Mori, translated by Karl F. MacDorman and Norri Kageki, "The Uncanny Valley," *IEEE Spectrum*, June 12, 2012, https://spectrum.ieee.org/automaton/robotics/humanoids/the-uncanny-valley.

第六章 个人增强时代，传统工作流程将被全面颠覆

1. Margaret Rhodes, "So. Algorithms Are Designing Chairs Now," *Wired*, October 3, 2016, https://www.wired.com/2016/10/elbo-chair-autodesk-algorithm/.

2. Dan Howarth, "Generative Design Software Will Give Designers 'Superpowers,'" *Dezeen,* February 6, 2017, https://www.dezeen.com/2017/ 02/06/generative-design-software-will-give-designers-superpowers-autodesk-university/.

3. "Illumeo: Changing How We See, Seek and Share Clinical Information," Philips, http://www.usa.philips.com/healthcare/product/HC881040/illumeo.

4. "Upskill Raises Series B Funding from Boeing and GE Ventures," Upskill.io press release, April 5, 2017, https://upskill.io/upskill-raises-series-b-funding-from-boeing-ventures-and-ge-ventures/.

5. Nicolas Moch and Michael Krigsman, "Customer Service with Amelia AI at SEB Bank," *CXO Talk*, August 15, 2017, https://www.cxotalk.com/video/customer-service-amelia-ai-seb-bank.

6. Peggy Hollinger, "Meet the Cobots: Humans and Robots Together on the factory floor," *Financial Times*, May 4, 2016, https://www.ft.com/content/6d5d609e-02e2-11e6-af1d-c47326021344?mhq5j=e6.

7. Will Knight, "How Human-Robot Teamwork Will Upend Manufacturing," *MIT Technology Review*, September 16, 2014, https://www.technologyreview.com/s/530696/how-human-robot-teamwork-will-upend-manufacturing/.

8. AutomotoTV, "Mercedes-Benz Industrie 4.0 More flexibility –Human Robot Cooperation (HRC)," YouTube video, 2:38 minutes, November 25, 2015, https://youtu.be/ZjaePUZPzug.

9. Peggy Hollinger, "Meet the Cobots: Humans and Robots Together on the Factory Floor," *Financial Times*, May 4, 2016, https://www.ft.com/content/6d5d609e-02e2-11e6-af1d-c47326021344?mhq5j=e6.

10. 对宝马制造公司装配与物流部门的副总裁理查德·莫里斯的采访，可访问 Advanced Motion Systems, Inc. "Universal Robots on BMW Assembly Line – ASME," YouTube video, April 7, 2014,https://WWW.youtube.com/watch?v=CROBmw5Txl.

11. Michael Reilly, "Rethink's Sawyer Robot Just Got a Whole Lot Smarter," *MIT Technology Review*, February 8, 2017, https://www.technologyreview.com/s/603608/rethinks-sawyer-robot-just-got-a-whole-lot-smarter/.

12. Cassie Werber, "The World's First Commercial Drone Delivery Service Has Launched in Rwanda," *Quartz*, October 14, 2016, https://qz.com/809576/zipline-has-launched-the-worlds-first-commercial-drone-delivery-service-to-supply-blood-in-rwanda/.

13. Jessica Leber, "Doctors Without Borders Is Experimenting with Delivery Drones to Battle an Epidemic," *Fast Company,* October 16, 2014, https://www.fastcompany.com/3037013/doctors-without-borders-is-experimenting-with-delivery-drones-to-battle-an-epidemic.

14. Wings For Aid website, https://www.wingsforaid.org, accessed October 25, 2017.

第七章　管理图的重新定位

1. Shoshana Zuboff, *In the Age of the Smart Machine: The Future of Work and Power* (New York: Basic Books, 1989), 13.

2. Autoline Network, "The ART of Audi," YouTube video, 1:04:45, August 22, 2014, https://youtu.be/Y6ymjyPryRo.

3. Sharon Gaudin, "New Markets Push Strong Growth in Robotics Industry," *ComputerWorld,* February 26, 2016, http://www. computerworld.com/article/3038721/robotics/new-markets-push-strong-growth-in-robotics-industry.html.

4. Spencer Soper and Olivia Zaleski, "Inside Amazon's Battle to Break into the $800 Billion Grocery Market," Bloomberg, March 20, 2017, https://www.bloomberg.com/news/features/2017-03-20/inside-amazon-s-battle-to-break-into-the-800-billion-grocery-market.

5. Izzie Lapowski, "Jeff Bezos Defends the Fire Phone's Flop and Amazon's Dismal Earnings," *Wired*, December 2, 2014, https://www.wired.com/2014/12/jeff-bezos-ignition-conference/.

6. Ben Fox Rubin, "Amazon's Store of the Future Is Delayed. Now What?" *CNET*, June 20, 2017, www.cnet.com/news/amazon-go-so-far-is-a-no-show-now-what/.

7. Steven Overly, "The Big Moral Dilemma Facing Self-Driving Cars," *Washington Post*, February 20, 2017, https://www.washingtonpost.com/news/innovations/wp/2017/02/20/the-big-moral-dilemma-facing-self-driving-cars/?utm_term=.e12ae9dedb61.

8. Matthew Hutson, "Why We Need to Learn to Trust Robots," *Boston Globe,* January 25, 2015, https://www.bostonglobe.com/ideas/2015/01/25/why-need-learn-trust-robots/Nj6yQ5DSNsuTQlMcqnVQEI/story.html.

9. Aaron Timms, "Leda Braga: Machines Are the Future of Trading," *Institutional Investor*, July 15, 2015, http://www.institutionalinvestor.com/article/3471429/banking-and-capital-markets-trading-and-technology/leda-braga-machines-are-the-future-of-trading.html.

10. Accenture Research Survey, January 2017; and Lee Rainie and Janna Anderson, "Code-Dependent: Pros and Cons of the Algorithm Age," Pew Research, February 8, 2017, http://www.pewinternet.org/2017/02/08/code-dependent-pros-and-cons-of-the-algorithm-age/.

11. Jane Wakefield, "Microsoft Chatbot Is Taught to Swear on Twitter," *BBC*, March 24, 2016, http://www.bbc.com/news/technology-35890188.

12. Craig Le Clair et al., "The Future of White-Collar Work: Sharing Your Cubicle with Robots," *Forrester*, June 22, 2016.

13. Madeline Clare Elish, "The Future of Designing Autonomous Systems Will Involve Ethnographers," *Ethnography Matters*, June 28, 2016, https://ethnographymatters.net/blog/2016/06/28/the-future-of-designing-autonomous-systems-will-involve-ethnographers/.

14. Madeleine Clare Elish, "Letting Autopilot Off the Hook," Slate, June 16, 2016, www.slate.com/articles/technology/future_tense/2016/06/why_do_blame_humans_when_automation_fails.html.

15. Berkeley J. Dietvorst et al, "Overcoming Algorithm Aversion: People Will Use Imperfect Algorithms If They Can (Even

Slightly) Modify Them, https://poseidon01.ssrn.com/delivery.php? ID=939124067092027067004014122095071122024055052015007020750970840301140811170710051170100250400300280990330291080850780841100850580320420470781161060681140720910720070170660531190841260010640660910301100150911080111050820680970881181260160990930960924091&EXT=pdf.

16. 与通用电气公司首席执行官比尔·鲁赫的谈话，2017 年 4 月 11 日。

17. 同上。

18. 埃森哲客户工作和埃森哲研究案例的研究结果（估计）。

19. Nicholas Fearn, "Ducati Corse Turns to IoT to Test MotoGP Racing," *Internet of Business*, March 8, 2017, https://internetofbusiness.com/ducati-corse-races-iot/.

20. Anthony Ha, "Salesforce Acquires Smart Calendar App Tempo, App Will Shut Down on June 30," *Tech Crunch,* May 29, 2015, https://techcrunch.com/2015/05/29/salesforce-acquires-tempo/.

21. "Nielsen Breakthrough Innovation Report, European Edition," Nielsen, December 2015, http://www.nielsen.com/content/dam/nielsenglobal/eu/docs/pdf/Nielsen%20Breakthrough%20Innovation%20 Report%202015%20European%20Edition_digital_HU.pdf.

22. Mike Rogoway, "Facebook Plans 'Cold Storage' for Old Photos in Prineville," *Oregonian,* February 20, 2013, http://www.oregonlive.com/silicon-forest/index.ssf/2013/02/facebook_plans_cold_storage_fo.html.

23. "Illuminating Data," Texas Medical Center, August 24, 2014, http://

www.tmc.edu/news/2014/08/illuminating-data/.

24. George Wang, "Texas Medical Center and Ayasdi to Create a World-Class Center for Complex Data Research and Innovation," Ayasdi, November 13, 2013, https://www.ayasdi.com/company/news-and-events/press/pr-texas-medical-center-and-ayasdi-to-create-a-world-class-center-for-complex-data-research-and-innovation/.

25. Khari Johnson, "Google's Tensorflow Team Open-Sources Speech Recognition Dataset for DIY AI," *VentureBeat*, August 24, 2017, https://venturebeat.com/2017/08/24/googles-tensorflow-team-open-sources-speech-recognition-dataset-for-diy-ai/.

26. Adam Liptak, "Sent to Prison by a Software Program's Secret Algorithms," *New York Times*, May 1, 2017, https://www.nytimes.com/2017/05/01/us/politics/sent-to-prison-by-a-software-programs-secret-algorithms.html?_r=0.

27. Tim Lang, "Why Google's PAIR Initiative to Take Bias out of AI Will Never Be Complete," *VentureBeat*, July 18, 2017, https://venturebeat.com/2017/07/18/why-googles-pair-initiative-to-take-bias-out-of-ai-will-never-be-complete/.

第八章　扩展人机协作

1. GE Digital, "Minds + Machines: Meet the Digital Twin," YouTube video, 14:18 minutes, November 18, 2016, https://www.youtube.com/watch?v=2dCz3oL2rTw.

2. "Harnessing Revolution: Creating the Future Workforce," Accenture,

https://www.accenture.com/gb-en/insight-future-workforce-today.

3. Marina Gorbis, "Human Plus Machine," The Future of Human Machine Interaction, Institute for the Future, 2011, http://www.iftf.org/uploads/media/Human_Plus_Machine_MG_sm.pdf.

4. Dan Ariely, James B. Duke, and William L. Lanier, "Disturbing Trends in Physician Burnout and Satisfaction with Work-Life Balance," *Mayo Clinic Proceedings* 90, no. 12 (December 2015): 1593–1596.

5. Wes Venteicher, "UPMC Turns to Artificial Intelligence to Ease Doctor Burnout," *TribLive*, February 16, 2017, http://triblive.com/news/healthnow/11955589-74/burnout-doctors-microsoft.

6. Bob Rogers, "Making Healthcare More Human with Artificial Intelligence," *IT Peer Network at Intel,* February 17, 2017, https://itpeernetwork.intel.com/making-healthcare-human-artificial-intelligence/.

7. Conner Dial, "Audi Makes Self-Driving Cars Seem Normal By Putting a T-Rex at the Wheel," *PSFK,* September 16, 2016, https://www.psfk.com/2016/09/audi-t-rex-ad-campaign-makes-self-driving-vehicles-seem-normal.html.

8. "AI Summit New York," AI Business, 2016, http://aibusiness.org/tag/ai-summit-new-york/.

9. 同上。

10. Murray Shanahan, "The Frame Problem," Stanford, February 23, 2004, https://plato.stanford.edu/entries/frame-problem/.

11. Manoj Sahi, "Sensabot Is the First Inspection Robot Approved for

Use by Oil and Gas Companies," *Tractica*, October 18, 2016, https://www Notes.indd 226 02/01/18 11:59 PM.tractica.com/robotics/sensabot-is-the-first-inspection-robot-approved-for-use-by-oil-and-gas-companies/.

12. 作者对史蒂夫·施努尔的采访，2016 年 12 月 7 日。

13. 作者对比尔·鲁赫的采访，2017 年 4 月 11 日。

14. Shivon Zilis, "Machine Intelligence Will Let Us All Work Like CEOs," *Harvard Business Review*, June 13, 2013, https://hbr.org/2016/06/machine-intelligence-will-let-us-all-work-like-ceos.

15. Julie Bort, "How Salesforce CEO Marc Benioff Uses Artificial Intelligence to End Internal Politics at Meetings," *Business Insider*, May 18, 2017, www.businessinsider.com/benioff-uses-ai-to-end-politics-at-staff-meetings-2017-5.

16. "Surgeons Use Robot to Operate Inside Eye in World's First," *The Guardian*, September 9, 2016, https://www.theguardian.com/technology/2016/sep/10/robot-eye-operation-world-first-oxford-john-radcliffe.

17. Will Knight, "How a Human-Machine Mind-Meld Could Make Robots Smarter," *MIT Technology Review*, March 2, 2017, https://www.technologyreview.com/s/603745/how-a-human-machine-mind-meld-could-make-robots-smarter/.

18. Janet Vertesi, "What Robots in Space Teach Us about Teamwork: A Deep Dive into NASA," *Ethnography Matters*, July 7, 2016, http://

ethnographymatters.net/blog/2016/07/07/what-robots-in-space-teach-usabout-teamwork/.

19. Pierre Nanterme and Paul Daugherty, "Technology for People: The Era of Intelligent Enterprise," Technology Vision 2017, https://www.accenture.com/t00010101T000000__w__/at-de/_acnmedia/Accenture/next-gen-4/tech-vision-2017/pdf/Accenture-TV17-Full.pdf.

20. Justin Bariso, "Microsoft's CEO Just Gave Some Brilliant Career Advice. Here It Is in 1 Sentence," *Inc.com*, April 24, 2017, https://www.inc.com/justin-bariso/microsofts-ceo-just-gave-some-brilliant-career-advice-here-it-is-in-one-sentence.html.

21. Sara Castellanos, "Capital One Adds 'Muscle' to Machine Learning Effort," *Wall Street Journal,* March 2, 2017, https://blogs.wsj.com/cio/2017/03/02/capital-one-adds-muscle-to-machine-learning-effort/.

22. Darryl K. Taft, "Capital One Taps Open-Source, Cloud, Big Data for Advantage in Banking," *eWEEK,* June 13, 2016, http://www.eweek.com/cloud/capital-one-taps-open-source-cloud-big-data-for-advantage-in-banking.

23. Gil Press, "3 Dimensions of Digital Transformation at Capital One Financial Services," *Forbes,* June 25, 2015, https://www.forbes.com/sites/gilpress/2015/06/25/3-dimensions-of-digital-transformation-at-capital-one-financial-services/#61620c4478c4.

24. Andy Clark, *Supersizing the Mind: Embodiment, Action, and Cognitive Extension* (New York: Oxford University Press, 2008).

结 论

1. Seth G. Benzell, Laurence J. Kotlikoff, Guillermo LaGarda, Jeffrey D. Sachs, "Robots Are Us: Some Economics of Human Replacement," NBER Working Paper No. 20941, Issued in February 2015

2. Anna Louie Sussman, "As Skill Requirements Increase, More Manufacturing Jobs Go Unfilled," *The Wall Street Journal,* September 1, 2016, https://www.wsj.com/articles/as-skill-requirements-increase-more-manufacturing-jobs-go-unfilled-1472733676

3. Analysis of IMF and Indeed.com data by George Washington University economist Tara Sinclair, http://offers.indeed.com/rs/699-SXJ-715/images/Indeed%20Hiring%20Lab%20- %20Labor%20Market%20Outlook%202016.pdf.

4. 2017 Accenture Research analysis, https://www.accenture.com/us-en/_acnmedia/A2F06B52B774493BBBA35EA27BCDFCE7.pdf. See also, World Economic Forum, *Future of Jobs Report*, http://reports.weforum.org/future-of-jobs-2016/.

5. Kristin Majcher, "The Hunt for Qualified Workers," *MIT Technology Review,* September 16, 2014, https://www.technologyreview.com/s/530701/the-hunt-for-qualified-workers/.

6. "Artificial Intelligence, Automation, and the Economy," The White House, December 20, 2016, https://www.whitehouse.gov/sites/whitehouse.gov/files/images/EMBARGOED%20AI%20Economy%20Report.pdf.

7. Datainnovation.org, https://www.datainnovation.org/2017/08/how-governments-arepreparing-for-artificial-intelligence/.

8. 中华人民共和国国务院, http://english.gov.cn/policies/latest_releases/2017/07/20/content_281475742458322.htm.

　　《机器与人》的成书过程是一段迷人的旅程。大概两年前，这本书的写作灵感诞生于波士顿科普利广场的一杯咖啡，然后在成千上万次的经验中成长起来——包括对话高管、企业家、工人、人工智能专家、技术人员、经济学家、社会科学家、决策者、未来主义者、风险投资家、教育家、学生等。我们感谢来自世界各地的人们，他们花费了很多时间和我们一起讨论、设想书中的关键主题，当然也会和我们争论。

　　我们要感谢帮助我们完善这本书的同事，以及那些为本书做出贡献的智者（经常使用智能机器的人），他们是一群非凡卓绝的人。

　　凯特·格林是一位了不起的研究员和合作者，他很早就和我们一起开展人工智能的研发工作。我们非常感谢凯特的多学科思维和她对整个项目的奉献精神。同样，戴维·拉维耶里和普拉尚特·舒克拉与我们一周又一周地进行合作，他们巩固了《机器与人》中包括"缺失的中间地带"等核心理念的研究基础。

弗朗西斯·安特曼和他的埃森哲研究团队提供了最高端的专业知识和对该项目的不懈支持。保罗·努内斯在本书编写的关键阶段给予了大力支持，他还是该书的审稿人，为我们提供了大量精辟而实用的见解。特别感谢艾伦·奥尔特，他在本书编写初期发挥了至关重要的作用。奥尔特帮助我们针对公平、安全和负责任的人工智能设计了相关的调查和案例研究。还有其他许多研究人员也为我们提供了相关的结论和见解，丰富了我们的思维，其中包括马克·珀迪，拉达·达瓦扎尼、雅典娜·佩普斯、菲利普·鲁西埃、斯文加·法尔克、拉贾哈夫·纳萨雷、马杜·瓦齐拉尼、西比尔·贝尔卓安、玛姆塔·卡普尔、勒妮·伯恩斯、托马斯·卡斯塔尼诺、卡罗琳·刘、劳伦·芬克尔斯坦、安德鲁·卡瓦诺和尼克·延纳卡。

我们非常感谢那些具有远见和开拓精神的人们，他们不断地探索着人工智能的前行道路，给我们启发，并让我们获得新知，这些人包括赫伯特·西蒙、约翰·麦卡锡、马文·明斯基、阿瑟·塞缪尔、爱德华·费根鲍姆、约瑟夫·魏岑鲍姆、杰弗里·欣顿、汉斯·莫拉韦克、彼得·诺维格、道格拉斯·霍夫施塔特、雷·库兹韦尔、罗德尼·布鲁克斯、杨立昆和吴恩达，等等。我们万分感谢那些给予我们洞见和灵感的同事，他们包括尼古拉·莫里尼·班兹诺、迈克·萨克利夫、埃林·舒克、马克·卡雷尔–比亚尔、纳伦德拉·穆拉尼、丹·埃尔龙、弗兰克·梅尔坎普、亚当·伯登、马克·麦克唐纳、西里尔·巴塔列尔、桑吉夫·沃赫拉、鲁曼·乔杜里、莉莎·纽伯格 – 费尔南德斯、万大东、桑贾伊·宝得和迈克尔·比尔茨。他们都处于人工智能的前沿，绘制着未来的图景，并真正实现了业务"重构"。

在整个过程中，我们得到了很多出版和营销专家的建议，他们帮助我们对内容进行了精细调整。早些时候，Anderson Literary Agency（安德森文学社）的贾尔斯·安德森帮助我们完善了书中提出的建议，并为本书找到了合适的出版平台。杰夫·基欧、肯齐·特拉韦尔和哈佛商业评论出版社的戴夫·利文斯都是我们的文学向导，从一开始就为我们提供了极大的支持，并且在修订过程中为我们出谋划策，不吝赐教。

这本书——以及我们的读者——都是出色的编辑和营销专业知识的受益者。感谢罗克珊·泰勒、杰夫·弗朗西斯、莎丽·温克尔、埃莉斯·科尔尼尔、阿努尼哈·梅瓦瓦拉、苏秋萍、埃德·梅尼、格温·哈里根、卡罗琳·莫纳科、吉尔·托滕伯格和克莱尔·惠萨曼，他们帮助我们细致地思考了如何更好地与读者沟通以及向读者传递这本书的主题。戴夫·莱特在本书编写初期就书的结构和章节安排为我们提供了有益的指导，并确保本书的写作过程中都有编辑的参与和帮助。关于这点，我们还要感谢奥尔登·林。奥尔登拥有卓越的编辑思维，而且是一位出色的合作伙伴，他在帮助我们整理和完善手稿的过程中发挥了重要的作用。

我们特别感谢埃森哲首席执行官皮埃尔·纳特米为我们撰写本书提供的支持，以及他在引领埃森哲实现真正的人机协作过程中的远见和领导力。此外，我们要感谢埃森哲首席战略官兼研究部门负责人奥马尔·阿布什，他一直与我们同行，为我们提供赞助和见解。

我们还要感谢许多具有开创精神的客户，他们委托埃森哲在其应用人工智能"重构"业务和工作方法的过程中向他们提供指导。我们拥有独特的优势，那就是我们不仅可以对本书观点进行研究，还可以在人工智能时代应用这些概念并观察这些真正的先驱者所取得的结果。

最后，是较为私人的感谢。

保罗：衷心感谢我的妻子贝丝，她对人类潜能的热情和执着总是让我有所感悟，并促成了我想要写这本书的想法。埃玛、杰西、约翰尼和露西让我的生活和工作得以平衡——他们能够包容我在夜晚、周末和假期中埋头写书，但在必要时也会拖着我出去走走，而且总是逗我发笑。此外，我必须要感谢我的父亲，他对人的热情和投身技术时的愉悦将我引领至此。

詹姆斯：我要感谢家人给我的无尽支持。在本书将要完成的时候，苏珊和布鲁克·威尔逊为了让我绽出笑容，就模仿20世纪50年代的科幻机器人发出有趣的声音。本杰明·威尔逊热衷于阅读充满想象力的书籍，他的激情始终感染着我。我还要感谢我的母亲贝齐和父亲吉姆，感谢他们对我的爱与鼓励。

埃森哲的高级主管保罗·多尔蒂和詹姆斯·威尔逊长期以来一直致力于研究和记录技术对企业和社会的影响。他们研究了过去30年中人工智能的发展历程。

近年来，随着人工智能进入公共舞台并成为头条和热门话题，多尔蒂和威尔逊发现当前的争论具有很强的主观性，通常都是基于观点而发，并没有研究或数据来说明人工智能将如何推动变革以及现在和未来都需要做出哪些改变。更重要的是，对现在需要做出重要决策以及需要将人工智能应用于企业、政府和教育领域的人们来说，他们目前可以获得的客观指导寥寥无几。就是在这样的情况下，《机器与人》核心的研究项目出炉了。

由于多尔蒂在帮助组织机构做出重大技术变革方面具有丰富的经验，而且威尔逊具备技术战略和研究专长，于是他们决定向大家说明"人工智能时代"的含义，并共同撰写了这本书。

保罗·多尔蒂是埃森哲的首席技术官和创新官。在他的职业生涯中，他曾经与世界各地的企业和政府领导人合作，帮助他们应用技术改革机构。他还帮助埃森哲发展业务工作，以应对技术的指数级变化。

多尔蒂负责埃森哲的技术战略和创新架构，他领导了埃森哲的研发、风险投资、高级技术和生态系统团队。多尔蒂最近成立了埃森哲的人工智能业务部门，他多年来一直负责领导埃森哲的人工智能研究工作。

20 世纪 80 年代初，多尔蒂在密歇根大学学习计算机工程，并一时兴起选修了道格拉斯·霍夫施塔特开设的认知科学和心理学课程。他开始对此着迷，并在其职业生涯中不断地对人工智能进行探索。

作为在行业和技术问题上有所见地的演说者和作者，多尔蒂已经接受过多家媒体的采访，其中包括《英国金融时报》、《麻省理工斯隆管理评论》、《福布斯》、《快公司》、《今日美国》、《财富》、《哈佛商业评论》、Cheddar（查达）财经新闻网、彭博电视台和美国全国广播公司财经频道。最近，他凭借卓越的技术领导才能入选科技杂志《计算机世界》评选的"2017 年技术领军人物 100 强"。

多尔蒂倡导人们在技术和计算机科学方面享有平等机会。他担任了 Girls Who Code（编程女孩）组织的董事会成员，并且是 Code.org——致力于在美国推广计算机编程教育的公益组织——的强烈支持者和赞助者。他还获得了由一家女性领导力研究机构颁发的以表彰支持职场多元化和推动女性进步的企业领导人的奖项。

此外，多尔蒂还担任了埃维诺咨询公司（Avanade）的董事会主席，并且是计算机历史博物馆的理事会成员，世界经济论坛和世界未来委员会的成员，以及密歇根大学计算机科学与工程学院的顾问委员会成员。

多尔蒂和他的妻子贝丝住在新泽西州的梅普尔伍德镇。他有 4 个孩子，埃玛、杰西、约翰尼和露西，他们都在为人机协作的未来规划自己的蓝图。

詹姆斯·威尔逊负责领导埃森哲的信息技术和商业研究部门。他致力于技术研究和创新，曾经是巴布森学院高管教育项目、贝恩公司以及一些商业智库项目的推动者。威尔逊是《新企业领导：培养发掘社会、经济机会的领导者》一书的合著者，他和巴布森学院的专家团队在那本书中共同倡导了一个新的概念——创业型领导。

作为《哈佛商业评论》、《麻省理工斯隆管理评论》和《华尔街日报》的长期供稿人，威尔逊已经撰写了大量关于智能机器如何提升员工表现的文章，其中包括早期在《哈佛商业评论》上发表的关于个人分析、社会信息化、可穿戴设备和自然用户界面的一些文章。

威尔逊曾经与政府、决策者以及大学和商界领袖合作以应用这些技术来增强人的能力——从美国国家航空航天局到美国美式橄榄球联盟。

　　威尔逊是一名狂热的铁人三项运动员，他喜欢向朋友和家人传授自己在健身方面的独门方法——使用自行车功率计、心率监测器以及运动追踪器。他和妻子苏珊以及两个孩子（本和布鲁克）居住在旧金山。